汽车工程专业系列丛书

中国汽车二氧化碳减排路径

全球气候变化的挑战

杨　晶◎著
韩维建◎主编

机械工业出版社
China Machine Press

图书在版编目（CIP）数据

中国汽车二氧化碳减排路径：全球气候变化的挑战 / 杨晶著；韩维建主编．—北京：机械工业出版社，2017.8

（汽车工程专业系列丛书）

ISBN 978-7-111-57744-7

I. 中… II. ①杨… ②韩… III. 汽车排气－二氧化碳－减量化－研究－中国 IV. X734.201

中国版本图书馆 CIP 数据核字（2017）第 192942 号

中国汽车二氧化碳减排路径

全球气候变化的挑战

出版发行：机械工业出版社（北京市西城区百万庄大街 22 号 邮政编码：100037）

责任编辑：袁 银　　责任校对：殷 虹

印 刷：北京瑞德印刷有限公司　　版 次：2017 年 10 月第 1 版第 1 次印刷

开 本：170mm×242mm 1/16　　印 张：13

书 号：ISBN 978-7-111-57744-7　　定 价：50.00 元

凡购本书，如有缺页、倒页、脱页，由本社发行部调换

客服热线：（010）68995261 88361066　　投稿热线：（010）88379007

购书热线：（010）68326294 88379649 68995259　　读者信箱：hzjg@hzbook.com

丛书总序

中国的汽车产业发展迅速，已经成为我国国民经济的支柱产业之一。随着家庭平均汽车保有量的迅速增长，汽车给整个社会带来的能源、环境、交通和安全的压力日益加大。尽管汽车在轻量化、电动化、排放控制技术和安全技术方面已经有了长足的进步，尤其是近几年互联网和通信技术在汽车的独立驾驶和智能化方向提供了极大的发展和创新的空间，但诸多的发展给汽车产业带来无限的挑战和机遇。因此，行业的快速变化急需培养一大批不仅懂专业技术，更熟悉跨界知识的创新型人才。

重庆大学汽车协同创新中心认识到人才培养的迫切需求，组织我们为新成立的汽车学院编写一套教材。参与这套教材编写的所有作者都身在汽车行业的科研和技术开发的第一线，其中大部分作者是近年海归的年轻博士。教材的选题经过专家在传统学科和新兴学科中反复地论证和研讨，遴选了汽车行业面临紧迫挑战性的技术和话题。第一批教材有八本，包括《汽车材料及轻量化趋势》《汽车设计的耐久性分析》《汽车动力总成现代技术》《汽车安全的仿真与优化设计》《汽车尾气排放处理技术》《汽车系统控制及其智能化》《中国汽车二氧化碳减排路径》和《汽车制造系统和质量控制》。

这套教材的一个共同特点就是与国际发展同步、内容新颖。编著者对于比较传统的学科，在编写过程中尽可能地把最新的技术和理念包括进去，比如在编写《汽车材料及轻量化趋势》的过程中，不仅介绍了各种轻量化材料的特点和动向，而且强调了轻量化材料的应用必须系统地考虑材料的性能、部件的加工方法和成本。有些选题针对汽车行业发展的新的技术动向，比如《汽车安全的仿真与优化设计》主要介绍汽车安全仿真的模型验证和优化，这是汽车产品开发采用电子认证的必经之路；而《汽车系统控制及其智能化》概括了汽车的主要系统及其控制，以及智能化技术在各个系统中的应用，这些都是汽车自动驾驶的基础。

这套教材的另一个突出的特点是实用，比如一般汽车设计要求非磨损件的寿命是24万公里。《汽车设计的耐久性分析》着重介绍了汽车行业用于耐久性分析的主要工具和方法，以及这些方法的理论基础。这是进行汽车整车和零部件寿命耐久性正向设计的基础。随着环境保护的法规日益严格，汽车排放控制技术也在不断发展提高。汽车动力技术已经形成化石燃料到其他燃料的多元化发展，《汽车尾气排放处理技术》和《中国汽车二氧化碳减排路径》介绍了排放控制技术的进程和法规实施的协调，以及达到法规要求的不同技术路线。汽车质量一直是热门话题，也是一个汽车企业长期生存的关键问题之一。《汽车制造系统和质量控制》介绍了现代汽车制造系统与质量控制的基本概念和实践。

本套丛书不仅对汽车专业的学生大有裨益，也可以作为汽车从业人员和所有对汽车技术感兴趣者的参考读物。由于时间有限，选题的范围还不全面。每本书的内容也会反映出作者的知识和经验的局限性。在此，真诚地希望广大读者提出意见，供我们不断修改和完善。

韩维建

2016年8月5日

推荐序一

随着我国汽车工业的快速发展，先进的汽车设计理论和技术在车身开发中越来越受到重视。同时，汽车发展遇到了环保、能源、交通等各个方面的诸多问题，在这种新形势下，从业者掌握和熟练运用核心设计技术显得尤为重要。

汽车的设计与制造是一个非常复杂的系统工程，需要考虑零件、子系统、系统，乃至整车等各个层面，综合运用材料科学、能源科学、信息科学和制造科学的相关知识、理论和方法。本套“汽车工程专业系列丛书”涵盖了汽车制造系统和质量、汽车动力总成、汽车材料及轻量化、车身耐久性、汽车安全仿真与优化、汽车系统控制及其智能化、汽车尾气排放处理与二氧化碳减排等多个方面的内容，涉及汽车轻量化、安全、环保、电子控制等关键技术。

本套丛书的作者既有在汽车相关领域工作多年、有丰富经验的专家，也有学成回国、已崭露头角的后起之秀；内容安排上既有适合初学者学习的大量基础理论知识，也融入了编著者在相关领域多年来的研究体会和经验，从中我们能充分体会到现代汽车技术节能、环保和智能化的发展趋势。丛书结合大量实例，取材丰富、图文并茂。

本套丛书可作为汽车设计的参考工具，也可作为车辆工程、机械工程、环境工程等专业研究生的专门教材及学习参考书。相信该书对于汽车行业相关领域的研究生、企业研发人员和科研工作者会产生重要的启发作用，特作序推荐。

林忠钦

上海交通大学

推荐序二

作为《中国制造2025》战略部署的主要支点之一，汽车业的持续、快速、健康发展将为中国制造业强国目标奠定坚实的基础。面对中国汽车产业大而不强的现状，自主品牌汽车产业的发展壮大时不我待。重庆自主品牌汽车协同创新中心，立足于重庆地区汽车产业，依托国家“2011计划”，以我国自主品牌汽车发展重大需求为牵引，以体制机制创新为手段，探索我国汽车自主品牌的发展模式。中心面向国内自主品牌汽车产业，重点开展培养高端人才，汇聚优秀团队，研发核心技术，推广产业应用，整合优势资源，搭建交流平台等工作。重庆自主品牌汽车协同创新中心瞄准“节能环保、安全可靠、智能舒适”的国际汽车三大发展趋势，凝练学科发展方向，汇聚创新资源和汽车及相关领域的优势学科群，建立了全面涵盖汽车行业研究领域的创新团队。本套丛书由汽车中心特别顾问、福特汽车亚太区技术总监韩维建博士积极推动。丛书主编韩维建博士基于数十年国际一流汽车工程经验以及独到全面的行业技术趋势把握，整合及组建了编著团队进行丛书各个书籍的编著。编著团队的成员主要由具有多年国际汽车公司工作经验，并且在高校及企业科研一线工作的归国人员组成。丛书内容拥有立足成熟技术、紧跟国际前沿、把握领域创新的特点及优势，丛书的成功出版将为国内汽车行业及学科提供全面而翔实的参考材料。

书籍是知识传播的介质，也是人才培养及创新意识传承的基础。正如重庆大学建校宣言“人类之文野，国家之理乱，悉以人才为其主要之因”所阐释的，本套丛书秉承重庆自主品牌汽车协同创新中心人才培养方针，主要面向高校汽车相关学科本科及研究生的教学，同时也可为汽车行业工程人员参考。相信本套丛书会对我国汽车领域学科及行业产生积极良好的推动作用。

刘庆

江苏省产业技术研究院

前　言

2016 年 11 月 4 日正式生效的《巴黎协定》提出，将 21 世纪内全球平均升温控制在工业化前水平 2℃以内，并努力追求 1.5℃以内的目标。这标志着全球气候治理已经走出低谷，再次回到国际政治舞台的前端。作为世界上二氧化碳排放最大的国家，中国积极参与减排行动，提出二氧化碳排放在 2030 年左右达到峰值并争取尽早达到峰值等一系列量化目标。

以汽车为代表的交通部门，是我国重要的二氧化碳排放来源。作为移动排放源，汽车的二氧化碳排放控制比固定排放源（如电厂）更加困难，目前几乎没有有效的控制措施。加之我国私人汽车正处在快速普及阶段，2040 年以前汽车保有量将持续大规模增长，并带来汽车排放的二氧化碳数量成倍增加。这对我国而言，不仅将带来能源资源、环境生态、能源安全等多方面的问题，而且意味着一项重要的政治挑战，关乎我国在全球气候治理中的承诺是否能够如期兑现，并影响我国在全球政治格局中的领导力和大国形象。因此，我国汽车部门控制二氧化碳排放的任务非常重要且艰巨，探索未来的汽车二氧化碳减排路径成为一项重要的研究命题，也成为汽车、能源、环境、气候变化、管理等学科交叉领域培养研究生的重要内容。

不同于系统介绍成熟理论和方法的传统教材，本书试图为读者展现的是当前热门研究领域的方法学及其应用。第一章从气候变化的科学背景开始介绍，展现了全球气候治理的发展历程和最新进展，并进行了研究意义上的评述。同时，引出我国交通部门在应对气候变化过程中所面临的挑战。第二章主要介绍交通用能和二氧化碳排放的研究思路、研究方法、典型模型及重要研究成果。第三章是第二章方法学的应用实例，对我国交通部门的二氧化碳的直接排放和生命周期排放进行了估算，并介绍了交通部门排放在全国排放中的贡献率。第四章和第五章是本书的核心内容，介绍了一种将全球排放目标与某个部门的减排路径相结合的研究方法，并展示了该方法在我国轻型车部门的实际应用。这种将从上至下的目标与从下至上的技术路径相结合的研究方法可扩展到电力、建筑等其他主要用能和排放部门。第六章以重型货车为重点，介绍了其他类型车辆的二氧化碳减排潜力。第七章对除道路以外的其他交通部门的二氧化碳减排潜力进行了阐述。

本书是基于作者的博士论文撰写而成的。在成书过程中，作者尽最大努力将自己在汽车用能和二氧化碳减排领域的理解与经验融入其中。作者感谢韩维建博士、张阿玲教授、David P. Chock 博士、Joseph M. Norbeck 教授对方法学和内容的悉心指导，以及申威博士、柴沁虎博士、黄诗尧博士等在交流和讨论中提供的有益参考，同时感谢家人和朋友的理解、支持与陪伴。由于时间仓促和作者阅历所限，本书中的疏漏和不妥之处在所难免，欢迎读者提出批评和修改意见。

杨晶

2017 年 6 月于北京

目　　录

丛书总序

推荐序一

推荐序二

前言

第一章　绪论 …… 1

第一节　全球气候治理的进程 …… 1

一、科学背景 …… 1

二、《联合国气候变化框架公约》 …… 6

三、《京都议定书》 …… 8

四、“后京都”时代 …… 9

第二节　新的里程碑：《巴黎协定》 …… 10

一、开启全球气候治理新篇章 …… 10

二、《巴黎协定》的局限性 …… 12

第三节　中国交通部门面临全球气候变化的挑战 …… 13

一、中国交通部门处于快速成长期 …… 14

二、中国交通部门面临多重挑战 …… 18

三、急需寻求同一框架下的综合解决方案 …… 22

参考文献 …… 23

第二章　交通用能和排放研究方法学 …… 25

第一节　研究方法概述 …… 26

一、按照建模思路划分 …… 26

二、按照研究内容划分 …… 28

第二节　部门活动水平分析法 …… 30

第三节　IEA/SMP 模型 …… 31

第四节　碳排放估算方法 …… 34

一、IPCC 排放清单法 …… 34

二、部门排放估算法 …… 35

第五节　WTW 分析法和 GREET 模型 …… 36

第六节　CO_2 浓度稳定廓线 …… 38

第七节　排放权分配方法 …… 40

参考文献 …… 43

第三章　中国交通部门 CO_2 排放状况 …… 48

第一节　交通部门分类和范围界定 …… 49

第二节　中国交通部门 CO_2 排放量估算 …… 54

一、单个交通部门 CO_2 直接排放量估算 …… 55

二、单个交通部门 CO_2 生命周期排放量估算 …… 62

第三节　交通部门 CO_2 排放份额的计算与国际比较 …… 65

一、交通部门 CO_2 排放份额计算 …… 65

二、交通部门 CO_2 排放份额国际比较 …… 69

参考文献 …… 70

第四章 “2℃”温升目标下中国轻型车的减排目标 …………………… 73
第一节 汽车保有量模型预测 …………………………………………… 75
一、模型设定 ………………………………………………………… 76
二、参数选择 ………………………………………………………… 78
三、求解模型 ………………………………………………………… 79
四、模型预测 ………………………………………………………… 80
五、结果分析 ………………………………………………………… 83
第二节 CO_2浓度稳定目标分解 ……………………………………… 86
一、CO_2浓度稳定目标的生成 ……………………………………… 86
二、WRE_SMP 模型的建立 ………………………………………… 89
三、WRE_SMP 模型的数据 ………………………………………… 90
四、浓度稳定目标分解原则和方法……………………………………… 102
参考文献 ………………………………………………………………… 110

第五章 “2℃”温升目标下中国轻型车的减排情景 …………………… 113
第一节 基线情景 ……………………………………………………… 115
一、情景假设 ………………………………………………………… 116
二、CHINABAU 结果分析 ………………………………………… 116
第二节 传统汽、柴油车进步情景……………………………………… 117
一、550I 稳定情景 ………………………………………………… 118
二、450I 稳定情景 ………………………………………………… 120
第三节 生物质液体燃料替代情景……………………………………… 122
一、燃料乙醇发展现状 ……………………………………………… 123
二、燃料乙醇资源潜力和产量预测…………………………………… 125
三、B 减排情景 ……………………………………………………… 131
四、550BI 稳定情景 ………………………………………………… 132
五、450BI 稳定情景 ………………………………………………… 136

第四节　插入式混合电动车替代情景 139
一、E 减排情景 141
二、EC 减排情景 143
三、E 和 EC 情景比较 145
四、550EI 稳定情景 146
五、550ECI 稳定情景 148
六、450EI 稳定情景 151
七、450ECI 稳定情景 152
八、550EI 和 450EI、550ECI 和 450ECI 情景比较 155
第五节　限制发展政策情景 156
一、R0 减排情景 157
二、550RI0、450RI0 稳定情景 158
三、R1 减排情景 160
四、450RI1 稳定情景 161
五、R0 和 R1 情景比较 162
六、550I 和 550RI0 情景比较 163
七、450I、450RI0 和 450RI1 情景比较 164
八、450R1IB 稳定情景 165
本章小结 166
参考文献 168
第六章　中国其他车辆减排潜力分析 170
第一节　其他车辆增长趋势与未来 CO_2 减排重点 171
第二节　重型货车的减排潜力分析 176
一、保有量预测 176
二、行驶里程 178
三、燃料经济性 179

四、替代燃料 …… 179
五、CO_2减排潜力 …… 181
参考文献 …… 184

第七章　其他交通部门减排潜力分析 …… 185

第一节　技术进步 …… 186
一、铁路运输 …… 186
二、民用航空运输 …… 188
三、水路运输 …… 188
四、管道运输 …… 188
第二节　结构优化 …… 189
第三节　管理创新 …… 193
参考文献 …… 194

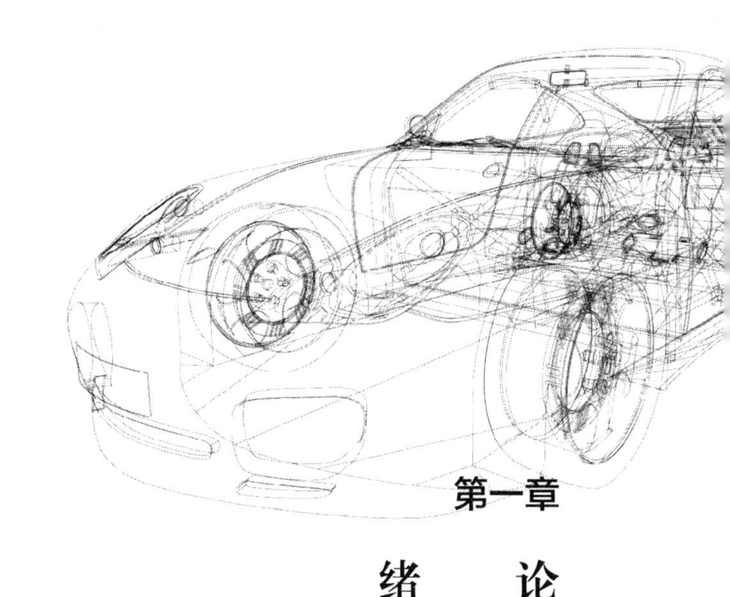

第一章
绪　　论

第一节　全球气候治理的进程

一、科学背景

气候变化（Climate Change）是指气候在一段时间内的波动和变化。《环境科学大辞典》对气候变化词条的解释是，气候变化又称为气候变迁，泛指各种时间尺度的气候演变。变化的时间长度从最长的几十亿年至最短的年际变化，差别很大。按变化的时间尺度及性质可分为三类：①地质时期气候变化，其变化时间在万年以上，主要是由地球大陆漂移、造山运动、地球轨道变化造成。②历史时期气候变化，指冰河后期，即一万年以来，主要是近 5 000 年时段的气候变化，其形成原因被认为与太阳活动和火山爆发有关。③近代气候变化，指近百年特别是 20 世纪以来全球气候的变化。一些研究认为其产生的原因除太阳活动和火山爆发外还应考虑海气相互作用及人类活动的影响。[1]

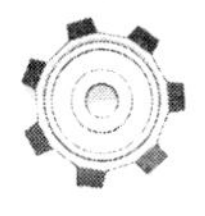

当前世界范围内普遍关注的气候变化问题主要是指由于人类活动而引起的气候的波动变化及其对人类社会生产和生活各方面产生的不利影响。为深入研究这一重大的科学问题，联合国政府间气候变化专门委员会（Intergovernmental Panel on Climate Change，IPCC）于 1988 年成立，由世界气象组织（World Meteorological Organization，WMO）和联合国环境规划署（United Nations Environment Programme，UNEP）共同发起，并持续工作至今。IPCC 由三个工作组组成：第一工作组称为科学工作组，主要负责评估基于可获得资料的气候变化的科学信息；第二工作组称为影响工作组，主要负责评估气候变化产生的环境和经济影响；第三工作组称为响应对策工作组，主要负责研究制定关于处理气候变化问题的响应策略[1]。三个工作组在 IPCC 的指导下分别独立进行工作，主要目标是获取关于气候变化、气候变化的影响、减缓与适应气候变化的措施等方面的科学和社会经济信息，从而进行综合、客观、开放和透明的科学评估，最终根据需要为《联合国气候变化框架公约》(United Nations Framework Convention on Climate Change，UNFCCC，简称《公约》）的缔约方会议（Conference of the Parties，COP）提供科学、技术和社会经济方面的决策参考与政策建议。IPCC 是一个建立在政府间合作基础上的科学技术研究机构，所有联合国的成员方和世界气象组织的会员国家或地区都是 IPCC 的成员，都可以参加 IPCC 及其工作组的各种活动和会议。目前，IPCC 集聚了 150 个国家和地区的 2 500 多名科学家，形成了一个气候变化研究领域的全球智囊网络。IPCC 自身不开展相关研究，而是对每年发表的数千份科学论文进行总结和评估，向决策者提供有关气候变化的最新认识，既包括科学界在哪些方面已达成共识，又呈现出存在意见分歧的领域以及需要进一步研究的命题。

从 1990 年发布第一次评估报告（First Assessment Report，FAR）至今，IPCC 已经陆续出版了一系列研究成果，包括评估报告（Assessment Report）、特别报告（Special Report）、技术文章（Technical Paper）、指南和方法论（Guideline and Methodology）四种类型，这些成果对气候变化领域的科学研究和政府间应对气候变化的合作都产生了重要影响（见表 1-1），IPCC 系列报告已经成为气候变化领域

[1] 第二、第三工作组的职责后来进行了调整，分别负责评估气候变化的影响与对策、气候变化的社会经济方面的影响。

的权威参考著作，被政策制定者和各领域科学家广泛使用，也为世界各国的很多普通民众所熟知。2007 年，IPCC 组织和美国前副总统戈尔共同分享了 2007 年度诺贝尔和平奖，该机构在气候变化领域的杰出贡献得到了充分肯定。诺贝尔评选委员会认定，IPCC 在过去十几年陆续发布的众多研究报告促成了世界范围内对于气候变化问题的广泛共识，形成了关于人类活动与全球气候升温之间存在因果关联的普遍认识，IPCC 报告为这种结论提供了有力的证据。

表 1-1 IPCC 主要出版物及其重要影响

发布时间	名称	英文简称	主要内容	主要影响
1990 年	IPCC 第一次评估报告	FAR	• 气候变化：IPCC 的科学评估 • 气候变化：IPCC 的影响评估 • 气候变化：IPCC 的响应策略	成为《联合国气候变化框架公约》谈判的重要基础，催生了《公约》的诞生
1992 年	IPCC 补充报告		• 气候变化 1992：IPCC 科学评估的补充报告 • 气候变化 1992：IPCC 影响评估的补充报告 • 气候变化 1992：IPCC1990 和 1992 评估报告——IPCC 第一次评估报告概述和决策者摘要，以及 IPCC 补充报告	为《京都议定书》（Kyoto Protocol，简称《议定书》）的签署提供了科学建议
1995 年	IPCC 第二次评估报告	SAR	• 气候变化 1995：气候变化的科学证据 • 气候变化 1995：气候变化的影响、适应和减缓——科学技术分析 • 气候变化 1995：气候变化对经济和社会的影响 • 气候变化 1995：IPCC 第二次综合评估报告，关于《联合国气候变化框架公约》第 2 款的解释及科学技术信息	为系统阐述《公约》第 2 条“气候变化框架公约的最终目标为：将大气中温室气体的浓度稳定在防止气候系统受到危险的人为干扰的水平上。这一水平应当在足以使生态系统能够自然地适应气候变化、确保粮食生产免受威胁并使经济发展能够可持续地进行的时间范围内实现”提供了坚实的科学依据
2001 年	IPCC 第三次评估报告	TAR	• 气候变化 2001：科学基础 • 气候变化 2001：影响、适应和易损性 • 气候变化 2001：减缓 • 气候变化 2001：IPCC 第三次综合评估报告——气候变化和人类	

（续）

发布时间	名称	英文简称	主要内容	主要影响
2007 年	IPCC 第四次评估报告	AR4	• 气候变化 2007：物理科学基础 • 气候变化 2007：影响、适应和易损性 • 气候变化 2007：气候变化的减缓 • 气候变化 2007：第四次评估报告的综合报告	成为“巴厘路线图”谈判进程的重要科学依据
2013 年	IPCC 第五次评估报告	AR5	• 气候变化 2013：物理科学基础 • 气候变化 2013：影响、适应和易损性 • 气候变化 2013：气候变化的减缓 • 气候变化 2013：综合报告	

基于 IPCC 系列评估报告，人类对全球气候变化问题已经形成较系统的科学认识：肯定了全球气候变暖的事实，确认了人类活动是造成 20 世纪 50 年代以来气候变化的主要原因，明确指出除非控制温室气体排放，否则未来全球气候变暖将达到十分危险的水平。AR4 指出，工业化以来，由于人类活动引起了全球温室气体排放量的增加，在 1970～2004 年间增加了 70%[2]。其中，二氧化碳（Carbon Dioxide，CO_2）由于排放量大、在大气中存留时间长、在温室效应中占主导作用，成为最主要的人为温室气体。在 1970～2004 年间，CO_2 的排放量增加了约 80%[3,4]。2010 年大气中 CO_2 的浓度已达到了 390ppmv ㊀，超过了过去 65 万年的自然变化范围[5]。全球 CO_2 浓度增加的主要原因是化石燃料的使用，另外土地利用变化也是重要的影响因素。AR5 进一步确认了气候变暖的事实，发现了人类活动与全球温升之间因果关系的新证据，以及温室气体累积排放与温升响应之间的定量联系[6]，该报告的关键结论如表 1-2 所示。

表 1-2 AR5 的关键结论

回答什么问题	当前的最新认识
是否观测到全球气候系统的变化	气候系统变暖是毋庸置疑的。自 20 世纪 50 年代以来，许多观测到的变化在以前的几十年至几千年间是前所未有的。大气和海洋已经升温，雪量和冰量出现下降，海平面已出现上升

㊀ ppmv 是 parts per million by volume，以容积计算的百万分之一。

（续）

回答什么问题	当前的最新认识
造成气候变化的原因是什么	自从工业化之前的时代起，人为温室气体的排放就出现了上升，当前已达到最高水平，这主要是由于经济和人口增长造成的。这造成大气二氧化碳、甲烷和一氧化二氮的浓度增加到了至少是过去80万年以来前所未有的水平。在整个气候系统中都已经探测到了这类影响以及其他人为驱动因素的影响，而且这些影响极有可能是自20世纪中叶以来观测到气候变暖的主要原因
气候变化有哪些影响	最近几十年，气候变化已经对所有大陆上和海洋中的自然系统与人类系统造成了影响。不管其成因是什么，上述影响是由观测到的气候变化造成的，这说明自然系统和人类系统对气候的变化非常敏感
什么是未来气候变化的关键因子	CO_2 的累积排放在很大程度上会决定21世纪末期及以后的全球平均表面变暖程度。对温室气体排放的各种预估差别很大，这取决于社会经济发展水平和气候政策
未来气候系统可能发生什么	所有经过评估的排放情景都预估全球平均表面温度在21世纪呈上升趋势。热浪发生的频率很可能更高、时间更长，很多地区的极端降水的强度和频率将会增加。海洋将持续升温和酸化，全球平均海平面也将不断上升
未来的气候变化会造成哪些影响	气候变化将放大对自然和人类系统的现有风险并产生新的风险。风险分布不均，并且通常对不同发展水平国家的弱势群体和社区的影响更大
气候变化的长期影响和不可逆性如何	即使人类停止温室气体排放，气候变化的许多方面以及相关影响也将持续数个世纪。随着变暖幅度的加大，突变或不可逆变化的风险也将增加
应对气候变化的路径是什么	适应和减缓是减轻与管理气候变化风险相辅相成的战略。未来几十年的显著减排可降低21世纪及之后的气候风险、提升有效适应的预期、降低长期减缓的成本和挑战并可促进有气候抗御力的可持续发展路径

注：表中资料来自文献［2-4］，作者整理。

IPCC第六次评估报告（AR6）计划于2022年完成，将特别关注气候变化对城市的影响，以及城市在减缓和适应气候变化方面所面临的特殊机遇与挑战。在此之前，IPCC还将围绕以下专题完成三份特别报告：第一份是全球温升幅度达到1.5℃的影响及温室气体排放途径的特别报告，这主要是针对《巴黎协定》（Paris Agreement，简称《协定》）（详见本章第二节）提出的“在温度上升控制在2℃的基础上向1.5℃努力”的目标，计划于2018年完成；第二份是气候变化、沙漠化、土地退化、可持续土地管理、粮食安全和陆地生态系统温室气体通量方面的特别报告；第三份是气候变化、海洋与冰冻圈相关研究的特别报告。

二、《联合国气候变化框架公约》

IPCC 提供了全球温升的事实证据，明确了温室气体浓度与温升的因果关系，并指出了气候变化的长期性和紧迫性。这些关于全球气候变化问题的科学研究，提出了全球气候治理的要求，促进了政府间多边合作机制的形成，使全球气候治理成为国际政治的重要议题，最终促成了世界各国在应对全球气候变化问题上的一致行动。

早在 1992 年，在巴西里约热内卢召开的联合国环境与发展大会期间，153 个国家和欧洲共同体签署了《公约》。这是历时 15 个月共五轮谈判才终于达成的第一个关于全面控制 CO_2 等温室气体排放以应对全球变暖给人类经济和社会带来的不利影响的全球性公约。《公约》于 1994 年 3 月 21 日正式生效。1992 年 6 月，中国政府签署了《公约》，成为最早的 10 个缔约方之一。截至 2017 年 4 月，《公约》已有 197 个缔约方。

但是，《公约》虽然得到了世界上几乎所有国家的认可，却最终只是一个纲领性文件。它提出了全球控制温室气体排放的原则和最终目标，并没有涉及任何行动方案和量化目标。《公约》共 26 条，其中第 2 条将应对气候变化行动的“最终目标”规定为：“将大气中温室气体的浓度稳定在防止气候系统受到危险的人为干扰的水平上。这一水平应当在足以使生态系统能够自然地适应气候变化、确保粮食生产免受威胁并使经济发展能够可持续地进行的时间范围内实现。”[7] 这里的关键词是“温室气体的浓度”和“稳定”。CO_2 是最重要的温室气体，因此，稳定大气中 CO_2 浓度水平就成为减缓气候变化的行动准则。《公约》确定了 5 条基本原则，其中有 2 条是核心原则：第 1 条是公平原则，即发达国家与发展中国家之间共同但有区别的责任；第 2 条是可持续发展原则，即促进所有国家，特别是发展中国家的可持续发展。根据《公约》确立的发达国家和发展中国家“共同但有区别的责任”原则，《公约》将所有缔约方分为附件一国家和非附件一国家，分别承担不同的责任。

《公约》奠定了全球气候变化谈判框架的法律基础，是迄今为止在国际环境与发展领域涉及面最广、影响最大、意义最深远的国际法律文书。自 1995 年起，缔约方会议每年举行一次，各缔约方就应对气候变化的关键问题进行讨论，逐渐形成了以缔约方会议（COP）为核心、以IPCC为技术支持、以各国政府机构和相关世界组织（全球环境基金、世界银行、联合国等）为主要参与者、以广泛的非政府组织为外围参与者的体系。由于应对气候变化行动与各缔约方的经济利益和发展空间密切相关，因此取得所有缔约方的共识和承诺难度非常大。原国家主席胡锦涛在2007年就曾明确提出，气候变化是环境问题，但归根结底是发展问题，充分说明气候变化国际谈判与国家利益的重要关系。二十几年间，虽然气候变化国际谈判几经周折，但是作为全球在应对气候问题方面的重大举措，国际谈判取得了不容忽视的成绩（见表1-3）。

表1-3 气候变化国际谈判里程碑事件

时间	会议	重要成果
1992年	联合国环境与发展大会	153个国家和欧洲共同体签署了《联合国气候变化框架公约》，并于1994年3月21日正式生效
1995年	COP1	通过了《柏林授权书》（The Berlin Mandate），该文件认为现有《公约》所规定的义务是不充分的，同意立即开始谈判，就2000年后应该采取何种适当的行动来保护气候进行磋商，确定最迟于1997年签订一项议定书
1997年	COP3	149个国家和地区签署了《京都议定书》，规定从2008～2012年，所有发达国家的温室气体排放量要在1990年的基础上平均减少5.2%，其中欧盟将6种温室气体的排放削减8%，美国削减7%，日本削减6%
2005年	COP11 & MOP[①]1	通过了实施《议定书》的《马拉喀什协定》（Marrakech Accords），启动了2012年后发达国家温室气体减排指标的国际谈判
2007年	COP13 & MOP3	《巴厘路线图》（Bali Roadmap）明确规定《公约》的所有发达国家缔约方都要履行可测量、可报告、可核实的温室气体减排责任，首次把美国纳入谈判进程之中；确立了《公约》和《议定书》的双轨谈判机制
2009年	COP15 & MOP5	《哥本哈根协议》（Copenhagen Accord）将全球气温上升的幅度限制在不超过工业化前水平2℃的目标写进了文本，但草案并未获得大会通过，不具有法律约束力。气候变化国际谈判陷入低谷
2010年	COP16 & MOP6	《坎昆协议》（Cancun Agreement）正式确认了2℃目标，达成了政治共识，但此次会议未完成《巴厘路线图》设定的第二承诺期的谈判任务

（续）

时间	会议	重要成果
2011 年	COP17 & CMP[2]7	启动了一个新的进程，即“德班增强行动平台”（Durban Platform for Enhanced Action，ADP，简称德班平台），决定实施《议定书》第二承诺期并启动绿色气候基金，决定在 2015 年达成一个适用于《公约》所有缔约方的法律文件，作为 2020 年后减排的依据
2012 年	COP18 & CMP8	结束了《巴厘路线图》的谈判授权，最终形成了包括《议定书》第二承诺期、长期合作行动工作组、德班平台工作组以及资金机制等方面的一揽子成果。国际气候谈判由双轨制转为单轨制
2013 年	COP19 & CMP9	多哈会议的三项成果：一是“德班增强行动平台”基本体现了“共同但有区别的原则”；二是发达国家再次承认应出资支持发展中国家应对气候变化；三是就损失损害补偿机制问题达成初步协议，同意开启有关谈判
2014 年	COP20 & CMP10	利马会议的两项成果：一是最终在决议中进一步细化了 2015 年气候变化新协议的大体框架和各项要素；二是初步明确了 2020 年后各方应对气候变化的“国家自主贡献预案”所涉及的信息
2015 年	COP21 & CMP11	通过《巴黎协定》，为全球减缓和适应气候变化的中长期行动指明了方向，使气候变化重新回到国际政治议程的高峰。2016 年 11 月 4 日《巴黎协定》正式生效

注：公开资料，作者整理。

①②《议定书》缔约方会议（Meeting of the Parties to the Kyoto Protocol 或 Conference of the Parties serving as the meeting of the Parties to the Kyoto Protocol，即 MOP 或 CMP）。

三、《京都议定书》

《议定书》及其机制是全球气候治理模式的第一次行动。《议定书》确立了第一个具有法律效力的量化的温室气体减排目标和时间表，是按照《公约》提出的“共同但有区别的责任”原则为发达国家规定的温室气体减排指标，但没有为发展中国家规定减排或限排义务。

1997 年 COP3 通过了《公约》的第一个附加协议《议定书》。该文件规定了《公约》附件一缔约方的量化减排指标，即在第一承诺期（2008～2012 年）内，其温室气体排放量在 1990 年的水平上平均削减 5.2%。《议定书》规定的温室气体包括六种，分别是二氧化碳、甲烷、氧化亚氮、氢氟碳化物、全氟化碳等。《议定书》对附件一缔约方的温室气体减排途径提出了三种实现机制，即清洁发展机制（Clean Development Mechanism，CDM）、联合履行（Joint Implementation，JI）和排放贸易（Emission Trade，ET）。其中，CDM 主要涉及附件一缔约方和发展中国家在减排量交易方面的合作，而 JI 和 ET 主要涉及附件一缔约方之间的合作。

《议定书》批准生效的过程是曲折艰难的。按照文件规定，《议定书》生效的条件有两个：第一个条件是必须有 55 个以上的《公约》缔约方批准加入《议定书》，第二个条件是批准的附件一缔约方 1990 年温室气体排放量之和占全部附件一缔约方 1990 年温室气体排放总量的 55% 以上。第二个条件是《议定书》是否能够顺利生效的关键。由于美国（占 1990 年附件一缔约方温室气体排放量的 36.1%）拒绝批准《议定书》，所以《议定书》一度面临“流产”的危险。但是，最终俄罗斯（占 1990 年附件一缔约方温室气体排放量的 17.4%）在 2004 年 11 月正式加入《议定书》，挽救了这一危局。2005 年 2 月 16 日《议定书》正式生效。中国也于 2002 年正式核准了《议定书》。截至 2016 年 6 月底，共有 192 个缔约方批准、加入、接受或核准了《议定书》。自 2005 年开始，每年在召开《公约》缔约方会议（COP）的同时召开《议定书》缔约方会议，讨论《议定书》执行的具体细节，并对《公约》框架下应对气候变化的行动计划进行磋商。

四、“后京都”时代

《议定书》的第一承诺期是 2008 ~ 2012 年，那么如何为 2012 年后第二承诺期的全球温室气体减排行动做出安排（也称为“后京都”问题），就成为自 2006 年蒙特利尔会议之后气候变化国际谈判的焦点议题。但是，此后数年的《公约》缔约方会议暨《议定书》缔约方会议都在重重困难中缓慢前行，直至 2009 年哥本哈根会议时，全球气候治理更是陷入停滞不前的最低谷，甚至引发倒退的担忧。人类即将错过应对气候变化的重要决策期和行动窗口。《哥本哈根协议》不具有法律约束力是此次会议失败的集中表现，具体而言，此次会议未确定各国的强制减排指标，没有规定 2012 年后应对气候变化的中期资金来源，也没有给出适应低碳经济的相关技术转让方案。哥本哈根会议失败的原因，主要集中在对减排义务承担问题存在分歧、全球金融危机造成各国经济陷入困境以及此次会议预期目标过高三个方面。

转折点出现在2011年。当年的德班会议终于重启了气候变化国际谈判的新进程，提出了德班平台，决定实施《议定书》第二承诺期并启动绿色气候基金，更重要的是此次会议做出了一个重要决定，即在2015年达成一个适用于《公约》所有缔约方的法律文件，作为2020年后减排行动的依据。接下来的四年，按照德班平台的部署，气候变化国际谈判一步一步朝着预设的2015年达成新协议的最终目标前进（见表1-3）。

第二节　新的里程碑：《巴黎协定》

一、开启全球气候治理新篇章

按照德班平台设计的目标，2015年12月召开的巴黎气候大会终于达成了新的协议（《巴黎协定》），完成了哥本哈根和德班会议都没有完成的使命，拯救了2009年以来全球气候治理的进程，完成了挽救多边进程、重塑政治互信和重建机制设计的过程。连续几年坚持不懈的努力终于促成了巴黎气候大会的胜利成果。此次达成的《协定》可以说是一份真正意义上的全球气候协议，这一令人振奋的结果无疑具有里程碑的意义，它实现了全球气候治理行动的转折，使全球应对气候变化行动从哥本哈根会议的最低谷再次回到了良性轨道之上，从而开启了2030年全球气候变化行动的新篇章。

巴黎气候大会的成功是由多种因素共同促成的，包括各缔约方对此次会议比较理性的期待，主要缔约方对谈判采取了积极灵活的态度，史无前例的140多个国家领导人的广泛参与支持，以及法国作为东道主国家进行了长期持续的积极斡旋和老练恰当的现场把控等。巴黎气候大会的成果非常来之不易，《协定》等文件的诞生经历了漫长、曲折而艰难的谈判过程，从最初日内瓦的近100页案文，到巴黎气候大会前54页的案文，再到大会拖延一天后才通过的31页的最终案文（其中包括12页《协定》和19页《决议》）。在德班会议以来逐步确立的自下而上模式的基础上，巴黎气候大会取得的最终结果可以说是相对公平、平衡和全面的。

此次《协议》的主要贡献包括：一是再次明确了控制全球温升的目标。《协定》再次肯定了“将21世纪内全球平均升温控制在工业化前2℃以内”这个长期的气候变化行动目标，并且将“努力追求1.5℃的目标”的表述也纳入进来，这个巨大进步远远超出了学者、公众及社会各界的预期。二是强调了自主贡献的减排方式，规定各缔约方都必须定期提交国家自主贡献预案（Intended Nationally Determined Contributions，INDC）。三是确定了核查机制，要求缔约方定期按照透明度规则报告进展，并接受对INDC的评审。朱松丽等认为这是一个“自上而下”的基于规则的体系和“自下而上”的“保证+评审”体系相结合的混合模式[8]。

《协定》生效需要满足的条件是得到占全球碳排放量55%以上的至少55个国家的批准，并于交存批准、接受、核准或加入文书之日后第30天起生效。最初，只有24个受气候变化严重威胁的小国批准了《协定》，而这些国家的碳排放量总和仅占全球排放总量的1%，这与《协定》的生效条件相距甚远。因此，必须有排放大国的参与才能实现预期目标。中国和美国两国的碳排放量合计约占全球的38%，中美两国及时批准《协定》对其是否能够顺利生效至关重要。2016年，中国作为二十国集团（G20）㊀的轮值主席国，于9月在杭州举行了二十国集团领导人第十一次峰会。在此次峰会前夕，中美两国向联合国共同提交了《协定》的批准文书，这无疑对《协定》的生效起到了关键性的推动作用。最终，在包括中国、美国在内的72个缔约方批准了《协定》后，这些缔约方的碳排放量在全球碳排放量中的比例已超过56%，满足了规定的《协定》生效门槛。于是，联合国宣布《协定》于2016年11月4日起正式生效。

中国在巴黎气候大会前后做了很多努力，不仅签订了中美、中德、中英双边气候协议，还签订了《中法元首气候变化联合声明》，在巴黎气候大会期间也开展了积极的推动工作，为《协定》做出了十分重要的贡献，使国际舆论对中国在气

㊀ 二十国集团（G20）由七国集团财长会议于1999年倡议成立，最初为财长和央行行长会议机制，在2008年国际金融危机后，升格为领导人峰会。2009年9月举行的匹兹堡峰会将G20确定为国际经济合作主要论坛。它由中国、阿根廷、澳大利亚、巴西、加拿大、法国、德国、印度、印度尼西亚、意大利、日本、韩国、墨西哥、俄罗斯、沙特阿拉伯、南非、土耳其、英国、美国以及欧盟等二十方组成。G20成员涵盖面广，代表性强，构成兼顾了发达国家和发展中国家以及不同地域的利益平衡，人口占全球的2/3，国土面积占全球的60%，国内生产总值占全球的85%，贸易额占全球的80%。

候变化方面的指责和怀疑态度彻底扭转。相比印度，中国更加积极，承诺了减排目标和更多资金。中国携手美国，尽早完成了加入《协定》的国内法律程序，表明中美已开始共同引领气候变化治理的进程。此外，中国在国内也已明确提出了自主行动的目标，即二氧化碳排放在2030年左右达到峰值并争取尽早实现达峰，单位国内生产总值（GDP）二氧化碳排放到2020年和2030年分别比2005年下降40%～45%和60%～65%，以及非化石能源占一次能源比重到2020年超过15%、到2030年达到20%等目标。

二、《巴黎协定》的局限性

虽然《协定》被普遍认为是一项真正意义上的全球气候协议，实现了全球气候治理的重要转折，但是为了追求广泛的参与度和覆盖面，《协定》在约束力和确定性方面做出了一定的妥协。可以说，《协定》与《议定书》相比有某种意义上的退步。其主要表现在以下三个方面。

第一，《协定》缺乏强制约束力。各国是以“国家自主贡献”的方式来参与全球应对气候变化的行动，即定期提交INDC，但是并没有对INDC的目标和内容给出强制性约束，相对于《议定书》量化的减排目标和强有力的约束，都已明显弱化。因此，《协定》由于缺乏确定性的减排目标，对缔约方很难产生强有力的约束。虽然这个“国家自主贡献”目标提交后，就置于国际社会的共同监督之下，也会产生一些约束的效果，但是作者认为，对《协定》的实际执行效果不能抱有不切实际的期待，全球气候治理的进程依旧是任重而道远的。

第二，《协定》确立的目标过于理想化。《协定》不仅再次重申了“将21世纪内全球平均升温控制在工业化前2℃以内”这个长期的气候变化行动目标，而且出人意料地将“努力追求1.5℃的目标”的表述也纳入进来，取得了缔约方的广泛认可。但是，根据联合国世界气象组织的最新发布，2015年全球范围内相对于工业化前的水平的平均温升已经达到了1℃，而且还在持续上升[9]。从这个角度看，《协定》提出的努力追求在2100年比工业化前水平的温升在1.5℃以内的目标显得有些好高骛远、脱离现实。目前普遍认为实现2℃以内的温升目标已经非常艰难，需要付出巨大的努力，要求全球在未来几十年内快速大幅度地减少温室气体排放，并在21世纪末实现二氧化碳和其他长寿命的温室气体排放接近于零或更低。2℃以内温升目标的难度和可行性尚且受到广泛质疑，1.5℃目标就更加令人难以置信。1.5℃目标的提出对我国及全球而言都是巨大的挑战。《协定》提出的到21世纪后半叶实现“碳中性”，即碳的源与汇实现平衡，这个目标也是比较理想化的。

第三，各国的自主承诺使减排水平大幅下降。虽然在巴黎气候大会之时已经有189个缔约方提交了INDC，占全球排放量的95%，显示出巴黎气候大会的参与度前所未有。但是，这种自主承诺的方式使各缔约方的减排水平大幅下降，远低于《议定书》时期的减排力度。根据朱松丽等的研究，按照各国已提交的INDC测算，如果能够无条件实施，那么与所期望的最小成本减排路径要求相比，2025年和2030年都还有一定的减排差距，会导致全球平均温升达到3.5℃左右，远低于前述2℃的目标[8]。

尽管存在以上局限性和不足，但是不能否认的是，巴黎气候大会和《协定》恢复了国际社会对于应对气候变化多边进程的信心，是全球气候治理进程中的一个重要进展，具有积极意义。

第三节　中国交通部门面临全球气候变化的挑战

化石能源燃烧和森林遭受破坏是CO_2排放量日益增加的两个主要原因，前者是增加了CO_2排放的源，后者是减少了CO_2的汇，从而使得碳在全球海洋、陆地和大气三种媒介中的存量受到影响，破坏了自然系统的原始动态平衡，导致大气中碳的存量迅速增加，CO_2浓度持续增长，引起了温度升高等气候系统的明显变化。交通部门、建筑和民用部门、工业部门是化石能源的消费大户，也是人为CO_2排放的三大来源。减少碳排放和增加碳汇是控制大气中CO_2浓度的两种基本方式，具有同等的重要性。本书聚焦于中国汽车部门的碳减排路径，暂不讨论增加碳汇的内容。

全球气候治理提出的温室气体减排要求，对中国而言是一项重要的政治挑战。同时，中国还面临着经济发展方式亟待转型、资源禀赋对能源供应约束趋紧、环境和生态问题不断恶化、能源安全形势日益复杂等多重挑战。交通部门作为国民经济的重要组成部分，是主要的用能部门之一，在中国未来的经济、社会、能源、环境、气候变化等领域的作用不容忽视。本节将阐述中国交通部门面临的全球气候变化的挑战，以及在CO_2减排框架下解决各领域多重挑战的可能性。

一、中国交通部门处于快速成长期

全球气候治理从最初提出到发展至今的25年，正是我国大力推进改革开放、宏观经济得到快速发展的黄金时期。从1990～2015年，国民生产总值（Gross Domestic Product，GDP）保持了年均9.9%的增长速度（见图1-1）。其中，在20世纪90年代初到21世纪初的共计11个年份里GDP增长速度曾一度高达两位数。由于中国实现了持续时间最长的高速经济增长，是世界上其他国家从未出现过的，因而这一现象被誉为“中国奇迹”。尽管受到2008年世界经济危机的影响，近几年我国出现了经济新常态，“三驾马车”动力减弱，经济增长出现明显放缓，但是纵观同一时期的世界其他主要经济体，我国经济增长速度仍遥遥领先于其他国家和地区（例如2015年，我国GDP增速6.9%，世界平均2.5%，美国2.4%、日本0.5%、韩国2.6%、德国1.7%、法国1.2%、英国2.3%等）。与此同时，我国三次产业结构也出现了显著改善（见图1-2），尽管第二产业持续保持在41%～48%，但是第三产业的比重明显提升，从1990年的32%提高到2015年的50%，第三产业对经济增长的贡献率㊀从1990年的20.0%提高至2015年的53.7%，表明我国经济增长正在从“数量为王”转向“质量取胜”。

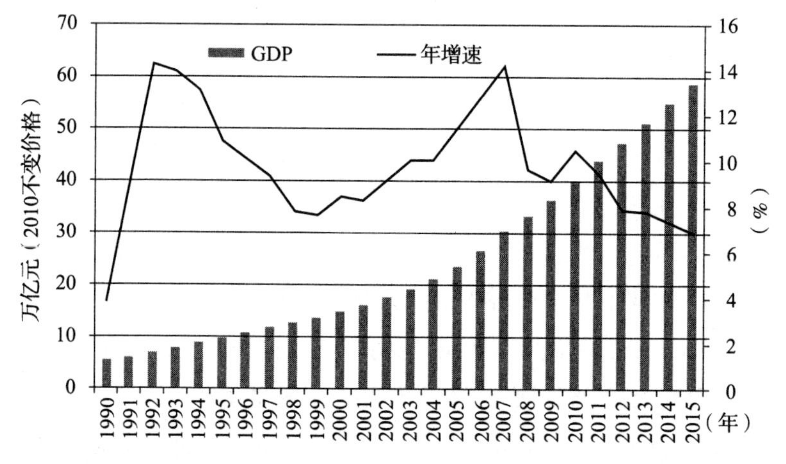

图1-1 国民经济增长情况（1990～2015年）

资料来源：历年中国统计年鉴[10]，作者整理。

㊀ 贡献率是指该产业或主要行业增加值增量与GDP增量之比。

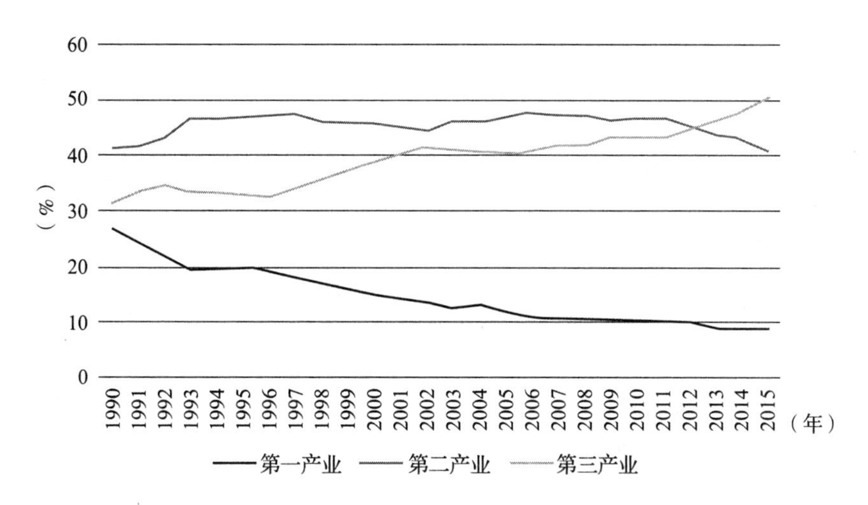

图 1-2　中国的产业结构（1990～2015 年）

资料来源：历年中国统计年鉴[10]，作者整理。

交通运输是国民经济的重要基础性部门。随着国民经济的较快增长、居民生活水平的不断提高、现代物流行业的快速发展以及网络经济和共享经济等新业态、新动能的迅速崛起，交通运输部门产生了旺盛的出行需求。1990～2015 年，我国交通运输部门发展迅猛。据中国统计局统计，2015 年全国货物周转量（见图 1-3）和旅客周转量（见图 1-4）分别比 1990 年增加了 4.3 倍和 5.8 倍。伴随着城市化进程的加速，我国居民消费逐渐从过去以“衣”和“食”为主的阶段转向以“住”和“行”为主的新阶段，特别是在全面建成小康社会的过程中，随着居民收入水平不断提高，家用汽车拥有量出现井喷势头，民用汽车的普及率呈现加速扩张局面。2015 年民用汽车拥有量增加到 16 284 万辆，是 1990 年的 30 倍，年均增速达到了 14.5%（见图 1-5）。其中，私人汽车拥有量更是呈现出爆发式增长，从 1990 年的 82 万辆增加到 2015 年的 14 099 万辆，年均增速高达 22.9%，增加了 172 倍。此外，其他交通工具拥有量也出现快速增长态势，铁路机车拥有量从 2000 年的 15 253 台增长到 2015 年的 21 366 台，增长了 40.1%；民用飞机拥有量从 2000 年的 982 架增长到 2015 年的 4 554 架，增长了 3.6 倍。唯一例外的是民用机动船拥有量，从 2000 年的 18.5 万艘下降到 2015 年的 15.0 万艘，下降了 18.9%，这主要是因为企业为了降低单位运输成本，推动船舶由中小型向大型化转变，导致数量的减少，实际上总的运载量仍在成倍增加。

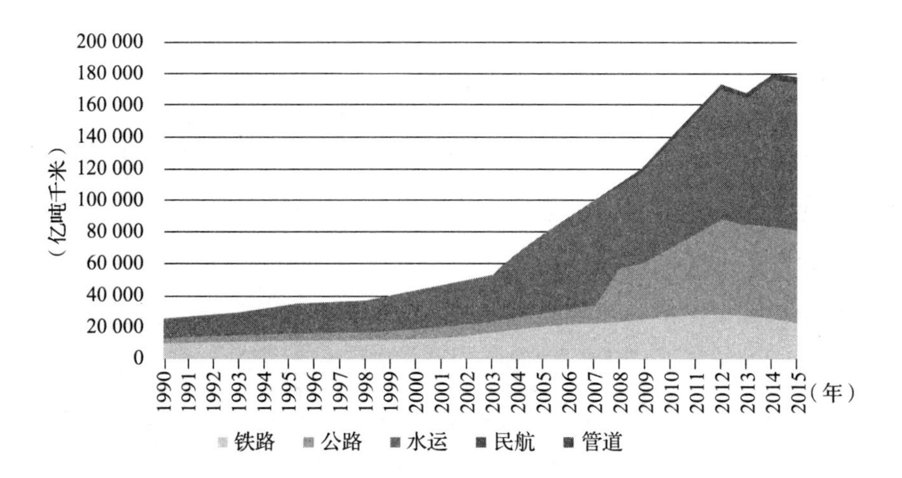

图 1-3 中国历年货物周转量（1990～2015 年）

资料来源：历年中国统计年鉴[10]，作者整理。

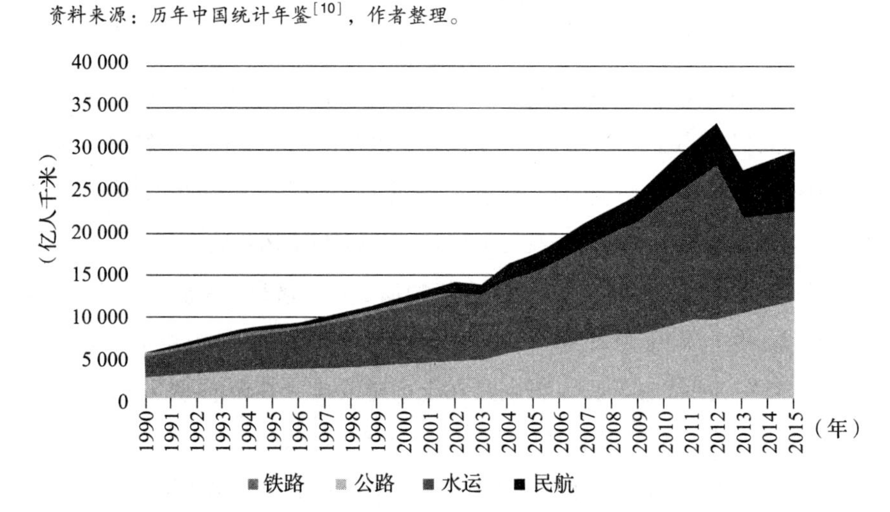

图 1-4 中国历年旅客周转量（1990～2015 年）

资料来源：历年中国统计年鉴[10]，作者整理。

交通需求持续增长带动交通能源消费规模不断扩大，2013 年全国营运和非营运交通活动的能源消费总量达 9.0 亿吨标准煤，比 2005 年增加了 1.1 倍。交通用能在全国终端能源消费总量中的比例从 2005 年的 22% 提高至 2013 年的 29%（见图 1-6 和图 1-7），已逐步接近世界平均水平（根据《日本能源和经济统计手册》数据计算，2011 年世界范围内交通用能占终端能源消费量的大约 31%）。

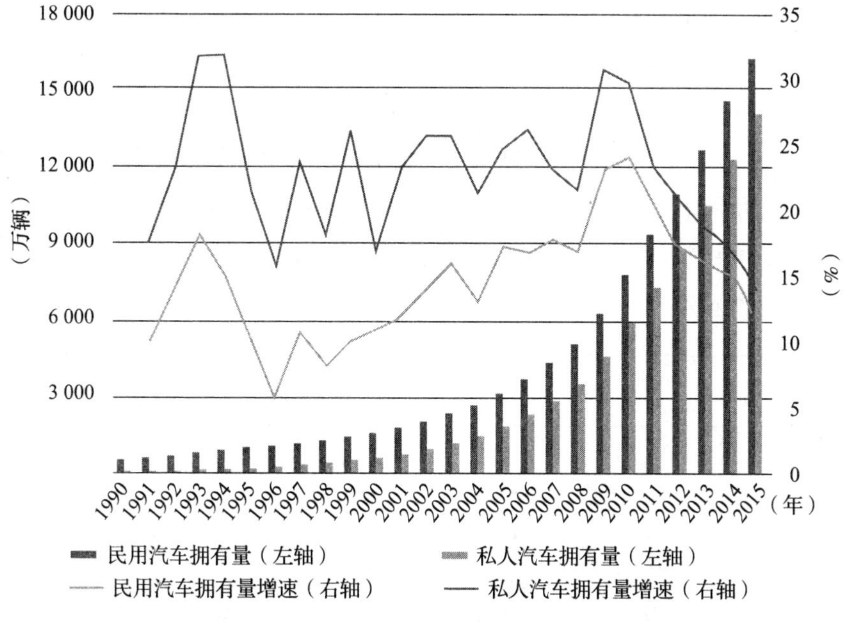

图 1-5 民用汽车和私人汽车拥有量增长情况（1990～2015 年）

资料来源：历年中国统计年鉴[10]，作者整理。

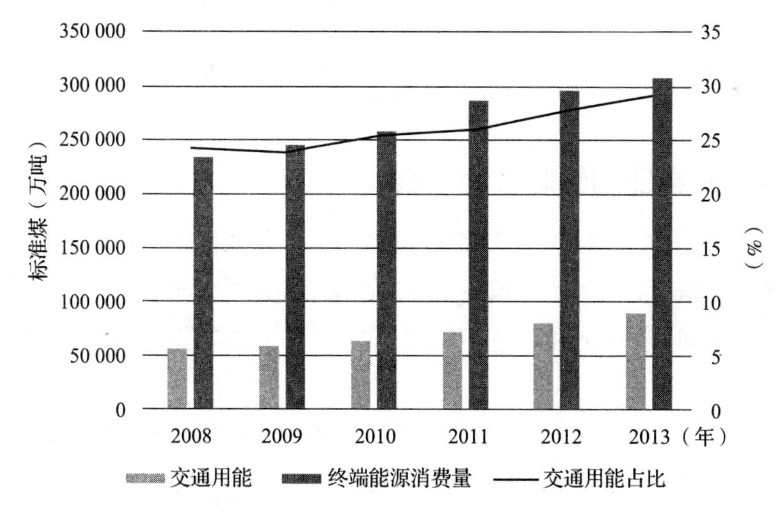

图 1-6 交通部门能源消费占比（2008～2013 年）

资料来源：王庆一《2015 年能源数据》[11]，历年中国能源统计年鉴[12]，作者计算和整理。

根据世界主要发达经济体的历史经验，能源消费在经过快速增长期后最终将趋于平稳甚至下降。在进入比较稳定的阶段后，某个国家的交通用能、工业用能和建筑用能在终端能源消费量中的比重各占1/3左右。因此，在经济和社会发展到较高水平时，一国的能源消费与经济增长的正相关性将减弱，交通部门与工业部门、建筑部门将并列为三大终端能源消费部门。我国经过30多年经济和社会的快速发展，工业规模已跃居世界第一位，成功迈入了中等收入国家行列，随之而来的是能源消费增长速度日益趋缓，其中某些能源品种如煤炭可能已经达到峰值并开始下降。在这种背景下，根据国际经验，未来我国交通用能在终端能源消费中的比重还将继续增加。

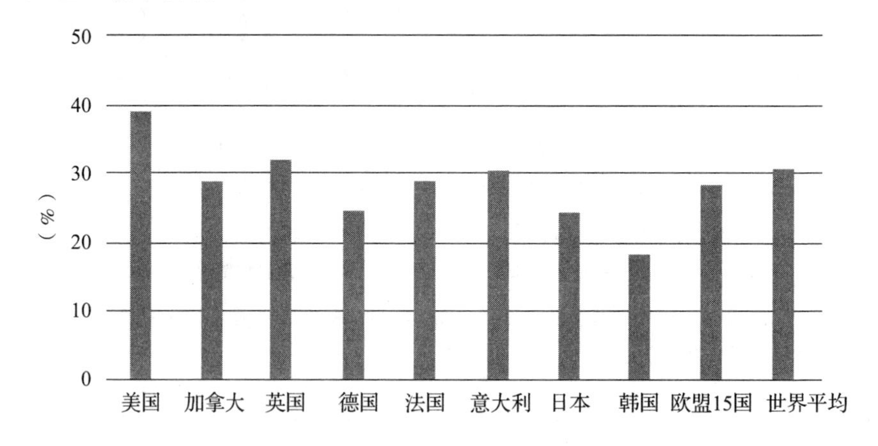

图1-7　各国交通用能占终端能耗比重

资料来源：日本能源和经济统计手册[13]，2014年。

二、中国交通部门面临多重挑战

过去30多年，能源消费在支撑我国经济和社会快速健康发展的同时，也带来了能源资源约束日益趋紧、环境污染越发严重、生态系统加速退化等突出问题，我国经济发展和百姓生活都为此付出了巨大代价。交通部门的能源使用也面临着相同的问题和挑战。

首先，交通运输部门是成品油的主要消费者，随着国内石油资源品质不断下降，交通能源的供应成本和能源安全风险将进一步增加。2013年全国消费了大约9 400万吨汽油，基本全部用于道路汽车。同年，交通运输部门还消耗了大约12 201万吨柴油、1 980万吨煤油、1 760万吨燃料油和428亿kWh电量，分别占全国柴油、煤油、燃料油和电力消费总量的71.1%、91.5%、44.5%和0.8%。由此可见，交通部门除用电量较少以外，在其他各类成品油使用领域都是消费的主力军。交通运输部门的快速发展，刺激成品油以及原油需求的急剧增长，2014 年全国石油消费量达到5.2 亿吨，比 1990 年增加了 3.5 倍，24 年间的平均增速达到了 6.5% 的较高水平。与此同时，国内原油生产基本保持稳中有增，从 1990 年的 1.4 亿吨增加到 2014 年的 2.1 亿吨。但是，与石油消费增长速度相比，国内石油供应增长明显落后于需求增长（见图 1-8）。因此，我国自 1993 年及 1996 年先后成为石油净进口国和原油净进口国，石油对外依存度急速攀升，到 2014 年石油净进口量占总消费量的比重已迅速增加至 62% 。考虑到我国原油勘探开发已进入中后期，国内原油资源禀赋已呈现出低增量、低品位、难开采的特征，东部老生产区力求稳定产量，西部深层、海域深水努力增加产量，非常规石油正处于起步阶段，因此未来陆上常规石油产量的下降将由海域常规石油和陆上非常规石油产量的增加所弥补，原油生产成本也可能有所提高，总体看来 2020 ~ 2050 年国内原油的总产量将基本保持在 2.2 亿吨的水平，很难再有较大的增长。在这种情况下，如果交通运输部门的能源需求仍延续过去的快速增长态势，那么预计 2030 年我国石油对外依存度有可能超过 80% ，国家能源安全风险将进一步增加。我国交通运输部门将首当其冲，不得不应对石油供应成本上升、国际原油价格大幅波动等因素的影响。

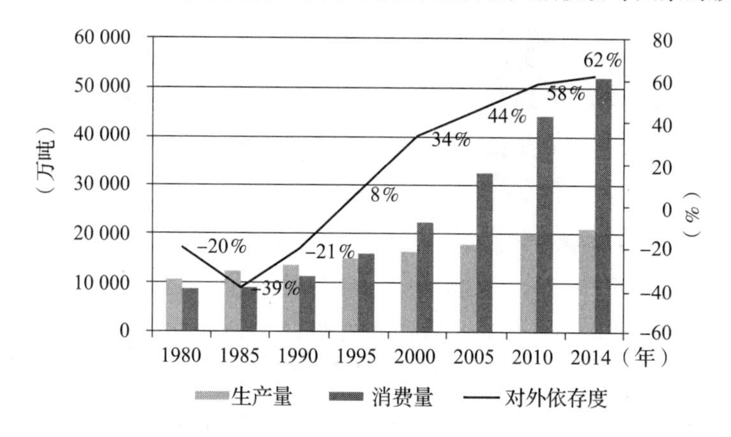

图 1-8 我国石油生产、消费和对外依存度（1980 ~ 2014 年）

资料来源：历年中国能源统计年鉴[12]，作者整理。

其次，交通运输部门的污染物排放问题十分突出。根据环境保护部发布的《2016 年中国机动车环境管理年报》[14]，包括汽车、低速汽车和摩托车在内的机动车污染已成为我国空气污染的重要来源，是造成灰霾、光化学烟雾污染的重要原因。该报告提供的监测数据显示，初步核算2015年全国机动车排放的污染物总计大约4 532.2万吨，其中，氮氧化物（NO_x）584.9万吨、碳氢化合物（HC）430.2万吨、一氧化碳（CO）3 461.1万吨、颗粒物（PM）56.0万吨。绝大部分机动车污染物排放来自汽车，其排放的NO_x和PM超过总量的90%，HC和CO超过总量的80%。该报告还指出，北京、天津、上海等九个城市的大气细颗粒物（PM2.5）源解析结果显示，本地排放源中移动源对细颗粒物浓度的贡献率在15%～52.1%之间。此处，移动源排放主要是指机动车污染物排放。与之前的《2013年中国机动车污染防治年报》[15]相关数据对比可以发现，尽管近几年紧锣密鼓地实施了严格的机动车排放标准、加快淘汰高排放的“黄标车”、提升车用燃料品质等一系列措施控制机动车污染物排放，但是由于机动车尤其是汽车拥有量的大幅增长，污染物减排效果比较有限，并未出现明显下降（见图1-9）。当前及未来十几年我国仍处于汽车迅速普及的阶段，因此，汽车污染物排放总量控制形势仍然十分严峻。

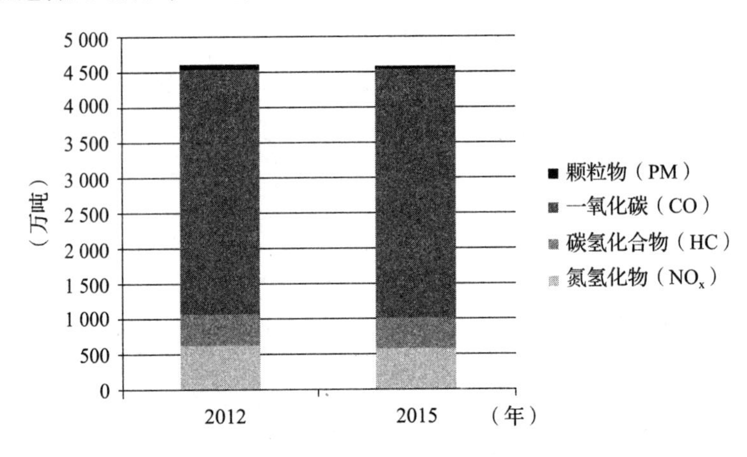

图1-9 机动车污染物排放构成（2012年和2015年）

资料来源：环境保护部，《2013年中国机动车污染防治年报》《2016年中国机动车污染防治年报》。

再次，交通运输部门的碳排放问题是全球应对气候变化的主战场之一。从全世界来看，能源相关的CO_2排放是人类活动相关的温室气体的主要来源。在能源相关的CO_2排放中，电力和热力生产、工业和建筑业、交通、商业和居民是四大主要排放源。如图1-10至图1-12所示为全球、OECD国家和非OECD国家能源相关的CO_2排放构成。在全球范围内，交通部门的CO_2排放占23%，其中道路交通占17%；在OECD国家中，交通部门的CO_2排放比例比世界平均水平略高，达

28%，其中道路交通占25%；在非OECD国家中，交通部门的CO_2排放比例与世界平均水平相比略低，为15%，其中道路交通占13%。这从侧面印证了随着经济和社会发展水平的提高，交通需求及相关的CO_2排放量将会大幅增加，使交通部门尤其是道路交通的CO_2排放量在能源相关的排放总量中的比重升高。因此，随着“三步走”目标的实现，我国到21世纪中叶将达到中等发达国家水平，趋近于OECD国家，这意味着如果不显著改变交通部门的发展模式和用能方式，我国交通部门尤其是道路交通的CO_2排放量将显著增加，在全国CO_2排放总量中的比重也将大幅提高，可能会超过1/4。然而，交通部门作为移动源，其CO_2排放控制比固定源（如电厂）更加困难，目前几乎没有有效的控制措施。[㊀]因此，以汽车为代表的交通部门要面临全球应对气候变化框架下减少CO_2排放的约束和挑战。对我国而言，交通需求尤其是汽车拥有量仍处在较快增长阶段，使得碳排放的挑战更加严峻，急需一边发展一边向低碳化转变。

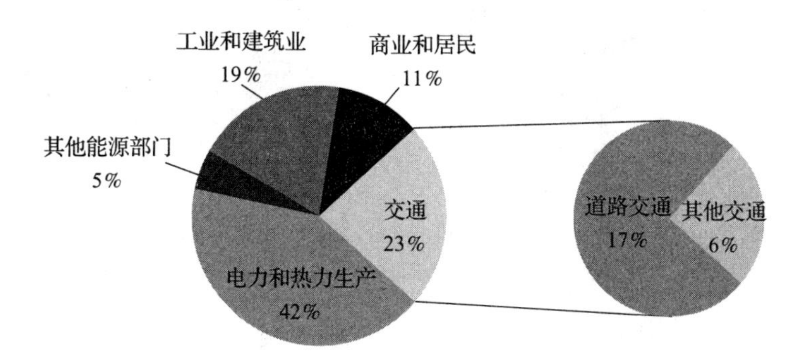

图1-10 全球能源相关CO_2排放结构（2013年）

资料来源：IEA，CO_2 Emissions from Fuel Combustion Highlights，2015年，作者整理。

最后，在我国这样一个人口大国，家庭汽车的普及也带来了交通安全、城市拥堵、噪声污染等诸多问题，使汽车部门受到社会各方面的普遍关注。由此可见，我国交通部门尤其是汽车的发展，一方面支撑着国民经济和社会较快增长的交通需求，另一方面又面临着能源资源供应约束、区域环境污染问题、全球应对气候

㊀ 电厂等固定源可以通过加装碳捕获和封存（Carbon Capture and Storage，CCS）设施实现减少CO_2排放的目的，但是目前CCS成本很高，全世界只有四个试点项目，大规模商业化面临较强的经济性约束。

变化问题等多重挑战。

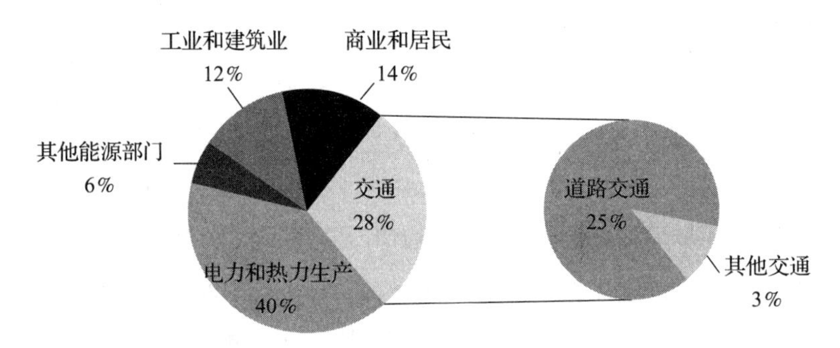

图 1-11 OECD 国家能源相关 CO_2 排放结构（2013 年）

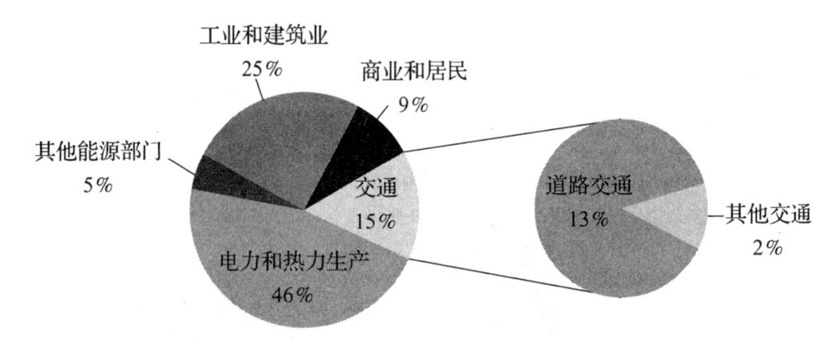

图 1-12 非 OECD 国家能源相关 CO_2 排放结构（2013 年）

资料来源：IEA，CO_2 Emissions from Fuel Combustion Highlights，2015 年，作者整理。

三、急需寻求同一框架下的综合解决方案

回顾各国交通部门发展的历史，可以发现交通部门尤其是汽车的绿色低碳化发展是世界性难题。近一个世纪以来，虽然汽车制造商在油价不断波动和攀升、环境标准日益趋严等因素影响下不断寻求新的替代燃料，但是直到今天，世界上绝大部分汽车仍然保持着以内燃机为主的动力系统和以成品油为主的燃料系统，还没有出现大规模颠覆性的改变。

与发达国家不同，我国交通部门处在快速成长期，也是重要的机遇期，如果能够找到在同一框架下应对能源、环境、气候变化等多重挑战的解决办法，就能够有效地避免“路径锁定”；反之，如果错过了汽车快速普及的阶段，进入和发达

国家一样汽车拥有量比较平稳的时期（即每年新增的汽车数量与淘汰的汽车数量相当，总量小幅增长或基本不变），那么由于汽车的存量远远大于增量，且汽车的使用寿命通常达十年或更久，将使得我国交通部门的转型需要花费更长时间，也更加困难。

综上所述，我国以汽车为代表的交通部门，在迅速走入千家万户之际，急需考虑如何找到在同一框架下解决能源安全、环境保护、气候变化、产业发展等多重问题的综合解决方案，以顺应世界绿色化、低碳化、智能化的发展潮流，走出一条不同于发达国家的绿色低碳的发展路径。

参考文献

[1] 环境科学大辞典编委会．环境科学大辞典[M]．北京：中国环境科学出版社，1991.

[2] IPCC. 决策者摘要(中文)[R/OL]//气候变化 2014：综合报告．[2016-10-08]．http://ipcc.ch/pdf/assessment-report/ar5/syr/AR5_SYR_FINAL_SPM_zh.pdf.

[3] IPCC. Climate Change 2007: IPCC Fourth Assessment Report, Working Group I Report "The Physical Science Basis" [R/OL]. [2008-04-09]. http://www.ipcc.ch/ipccreports/ar4-wg1.htm.

[4] IPCC. Climate Change 2007: IPCC Fourth Assessment Report, Synthesis Report [R/OL]. [2008-04-08]. http://www.ipcc.ch/ipccreports/ar4-syr.htm.

[5] CO_2Now. Earth's CO_2 home page [EB/OL]. [2011-01-20]. http://CO_2now.org/.

[6] 张晓华．IPCC 第五次评估报告第一工作组主要结论对《联合国气候变化框架公约》进程的影响分析[J]．气候变化研究进展，2014，10(1)：14-19.

[7] UNFCCC. Full Text of the Convention [EB/OL]. [2011-01-05]. http://unfccc.int/essential_background/convention/background/items/1353.php.

[8] 朱松丽，等．近中期气候谈判形势分析和整体方案研究技术报告(初稿)[R]．2016.

[9] United Nations. Marking the One Year Anniversary of the Paris Climate Change

Agreement Celebration and Reality Check[N/OL]. [2016-11-02]. http://newsroom. unfccc. int/paris-agreement/paris-agreement-anniversary/.

[10] 国家统计局. 中国统计年鉴[M]. 北京：中国统计出版社，1990-2015.

[11] 王庆一. 2015 能源数据[OL]. [2016-04-14]. http://mtjj. sdibt. edu. cn/info/2001/2372. htm.

[12] 国家统计局能源统计司. 中国能源统计年鉴[M]. 北京：中国统计出版社，2008-2013.

[13] The Institute of Energy & Economics Japan. EDMC Handbook of Energy & Economic Statistics in Japan[OL]. http://eneken. ieej. or. jp/en/.

[14] 环境保护部. 2016 年中国机动车环境管理年报[R/OL]. [2016-06-02]. http://www. zhb. gov. cn/gkml/hbb/qt/201606/t20160602_353152. htm.

[15] 环境保护部. 2013 年中国机动车污染防治年报[R/OL]. [2014-01-26]. http://www. zhb. gov. cn/hjzli/dqwrfz/jdcwrfz/index. shtml.

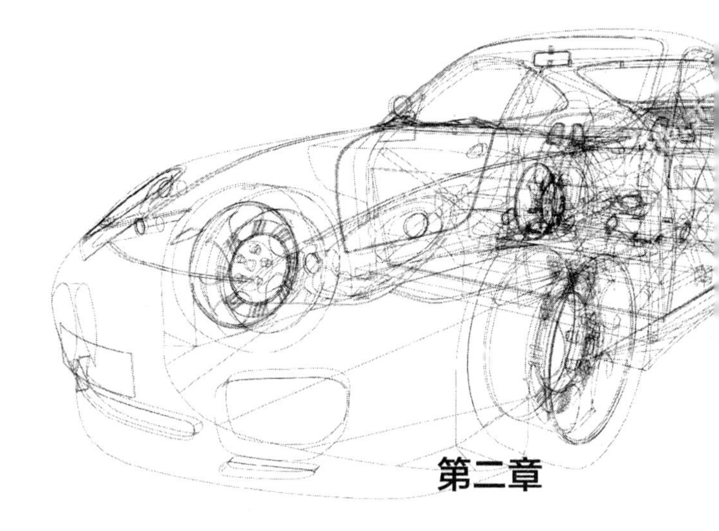

第二章

交通用能和排放研究方法学

以交通部门为研究对象的相关研究内容十分丰富，广泛涉及经济和社会的交通需求、交通安全、基于互联网的车辆共享、自动驾驶、新材料新工艺的应用等诸多领域。随着气候变化问题越来越受关注，交通部门的能源消耗和 CO_2 排放问题逐渐成为社会科学领域的研究热点，而 CO_2 排放的研究又是以能源消耗研究为基础的，结合能源相关的 CO_2 排放估算得到交通部门碳排放情况的整体认识（见图 2-1），因此交通能源需求预测是基础工作。本章第一、二、三节将介绍能源系统模型和交通能源模型及其应用情况，第四节与第五节将介绍碳排放的估算方法和研究交通排放的主流模型，第六节和第七节将进一步回到宏观层面，介绍全球 CO_2

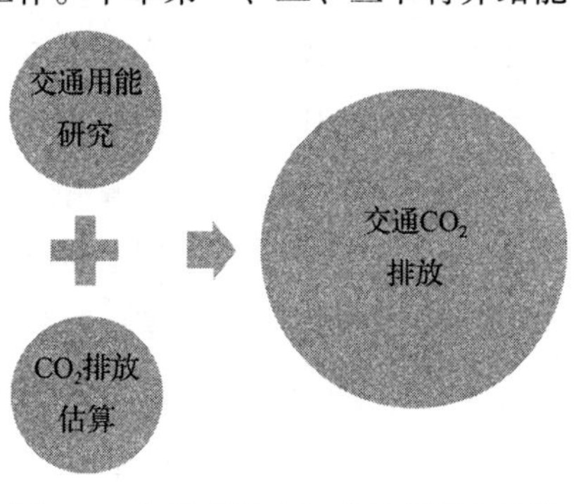

图 2-1　交通部门 CO_2 排放的研究思路

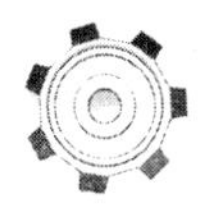

浓度稳定廓线和碳排放权分配方法等内容。

第一节 研究方法概述

本节将介绍能源系统模型和交通能源模型，从建模思路和研究内容两个角度，分别描述与交通用能和排放相关的能源模型方法。

一、按照建模思路划分

目前对交通部门用能和碳排放相关问题的研究大部分采用的是能源领域的系统模型方法。能源系统模型按照建模思路大体可以分为三类，即自顶向下模型（Top-down Model）、自底向上模型（Bottom-up Model）和将这两者相结合的混合模型（Hybrid Model），如图2-2所示。具体来说，自顶向下模型采用的是“从宏观到微观”的建模思路，自底向上模型则与之相反，采用的是“从微观到宏观”的思路，混合模型则兼顾了宏观和微观，设计了某种形式的反馈机制。

自顶向下模型是由经济学模型演变而来的。它主要是以经济学模型为基础，从能源价格、能源品种之间的替代弹性、税收等方面出发，分析能源生产和能源消费问题，以服务于宏观层面的经济分析和能源政策制定。具体而言，就是研究某一特定区域内的经济体，对其资金流、物质流和能源流的均衡问题进行分析，核心是通过研究物质或服务之间的相互替代效果，从而找到资金流、物质流和能源流之间的平衡关系。自顶向下模型本质上仍是经济模型，是经济模型具体应用于能源领域，适当地根据能源领域研究分析的需要做了少量的调整，因此它并不能对各种能源技术进行比较细致的描述，无法反映能源技术层面的替代和进步。虽然模型当中一般有技术进步率这类参数，但是其刻画能力比较弱，而且相关参数的估计需要大量微观数据作为基础和前提，参数估计的结果也并不一定具有很好的可解释性，因此这类模型也被认为具有“黑箱”

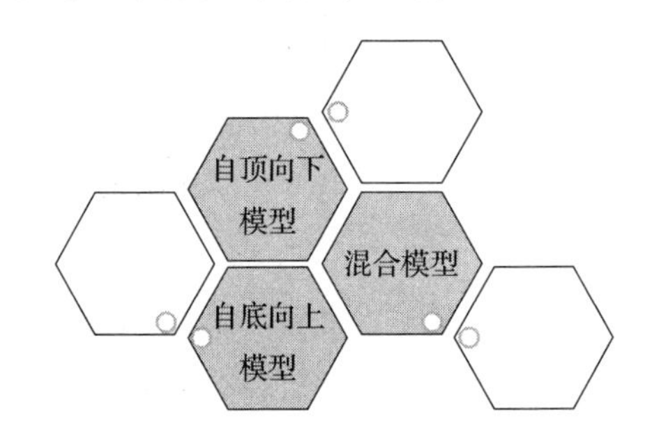

图2-2 能源系统模型分类（按建模思路分）

的特征。由此可见，自顶向下模型是基于宏观经济理论建立起来的能源需求与宏观经济指标之间的关系，通过分析能源在经济中的作用以及相互影响来研究能源问题。自顶向下模型的典型代表是可计算一般均衡模型（Computable General Equilibrium，CGE）、投入产出模型等。CGE 模型在成熟的市场经济国家中应用比较广泛，这是因为该模型的理论基础是经济学中的瓦尔拉斯（Walras）一般均衡理论，模型的假定和条件在成熟的市场经济国家中更容易得到满足。但是，自顶向下模型也存在明显的缺陷，表现在不能很好地反映能源需求结构的变化，也难以刻画各种能源技术的发展以及相应技术政策的影响。将自顶向下模型用作研究交通用能和排放等问题时，通常会将交通部门作为宏观经济中的一个主要部门进行分析。比较有代表性的自顶向下的交通模型是 EPPA 模型，该模型曾用于研究生物质燃料对欧洲车辆结构的影响、插电式混合动力车在美国和日本的减排贡献与商业潜力等[1,2]。

自底向上模型是以能源技术为出发点，对能源系统涉及的能源开采技术、能源转换技术、能源终端利用技术进行详细的描述和仿真，并以能源流动为主要线索、以能源平衡为基础建立起各种技术过程之间的关联，使得这种描述和仿真具备系统化的特征，对具体技术的描述可以覆盖经济成本、技术效率、环境影响、社会影响等多重维度。自底向上模型的典型代表是国际能源署（International Energy Agency，IEA）开发的 MARKAL 模型（Market Allocation of Technologies Model）和欧共体㊀开发的 EFOM 模型（Energy Flow Optimization Model）。MARKAL 模型是以优化算法为基础的模型，它涵盖了能源开采供应、加工转换运输和终端利用的全部过程，在给定了按部门细分的能源服务需求的前提下，模型可以根据相关约束，选择出成本最小的能源资源、能源载体和能源技术的组合。EFOM 与 MARKAL 模型比较类似，但是更侧重于能源流的优化。后来，这两个模型已经紧密结合，相互融合，进一步发展成为一个新的模型 TIMES（The Integrated MARKAL-EFOM System）。TIMES 仍然是一个自底向上的能源模型，它具有多区域、跨时期分析的强大功能，在学习曲线内生化、目标函数可选择等方面具有很多高级功能，进而广泛地应用于能源研究和其他相关应用领域。由于它能够充分

㊀ 欧共体是欧盟的前身，全称是欧洲共同体，于 1967 年正式成立。

刻画技术细节，这类模型不但可以反映能源需求结构和能源品种结构，还能够描述行业技术政策和技术标准的影响，也有助于研究相关技术和产业政策的影响。但是，这类模型也存在明显的不足。由于这类模型研究和应用的关键在于技术数据的翔实性与可获得性，因此只有保证了技术数据详细、全面、准确，模型分析的结果才有意义。换句话说，这类模型对底层技术数据的要求非常高。此外，自底向上模型在研究宏观经济政策及自顶向下的节能减排政策对能源系统的影响方面比较欠缺。自底向上模型具体应用于交通用能和排放方面的研究时有一些典型代表，例如IEA与WBCSD共同开发的IEA/SMP模型和相关研究报告（第三节将做详细介绍），Marsh等应用MARKAL模型研究英国CO_2减排背景下交通部门的技术替代和成本影响[3]，Azar等应用GET模型研究在全球CO_2排放约束下交通部门燃料替代[4]，等等。

自底向上模型和自顶向下模型的建模思路相反，但是各有所长：自底向上模型能够很好地描述和分析能源技术、反映各种技术的竞争力和发展潜力，而自顶向下模型能够很好地仿真能源价格、宏观税费政策、不同种类能源之间互补替代关系的变化和影响。但是这两类能源模型都有一个共同的缺陷：不能充分反映能源系统与整个经济系统的相互影响和相互作用，即经济系统宏观层面的变化和需求不能及时准确地传导给能源系统，而能源系统技术的进步和投资不能有效地反馈给经济系统。为了弥补上述缺陷，满足能源-经济-环境复杂系统模型研究和应用的需要，混合模型应运而生。混合模型是以某种方式或者手段将自底向上模型和自顶向下模型结合起来建模。这类模型能够很好地满足能源-经济-环境复杂系统多角度研究分析问题的需要。混合模型具体应用于交通部门时，一方面要考虑能源系统供给与需求之间的静态或动态平衡，另一方面还要考虑不同交通服务之间的替代效应，以及消费者在面对多种交通出行方式时的选择偏好等因素。用于研究交通用能的混合模型也有一些典型代表，例如，将MARKAL模型与EPPA模型结合，研究美国CO_2减排对交通部门的影响等[5]。

二、按照研究内容划分

仅就交通用能和排放的研究来看，从研究内容和研究层面的角度，交通能源模型又可以划分为三类。

第一类是从微观层面对交通能源和 CO_2 排放的现状与趋势进行研究，大多集中在道路部门，以轻型车、客车为主要研究对象，内容涉及各种车辆技术和燃料技术的组合，通过评价单车减排效果来回答技术路径选择的问题。其中，最流行的研究方法是对燃料进行从“矿井到车轮”（Well-to-Wheel，WTW）的生命周期分析（详见本章第五节）。国内最早的WTW分析始于1998年，由福特汽车公司资助清华大学等单位进行，对煤基甲醇燃料路线和使用煤电的纯电动车路线进行了WTW分析[6]。随后，WTW分析从某几种燃料路线发展到几十种、上百种路线的大规模全面比较[7-12]。申威的博士论文是这类综合研究的代表，他详细分析和对比了140种车用燃料技术路线在目前（2005年）、近期（2012年）和远期（2020年）的能源消费量、温室气体排放及持有者成本，并指出目前几乎所有的替代燃料路线在能源利用效率和温室气体排放水平方面与传统的汽、柴油路线相比都没有明显优势[13]。

第二类是分地区或针对某些城市的 CO_2 排放状况进行研究。陈吉勇[14]对我国各地区能源消费产生 CO_2 排放的历史情况进行了计算和分析，给出了各地区 CO_2 的排放量和排放结构，发现北京、上海和广东等经济发达地区交通部门排放占地区总排放的比重相对其他地区更高，这印证了随着经济发展水平提高，交通排放占排放总量的比例将提高的规律。陈飞等对城市 CO_2 排放现状的研究表明，2007年上海交通运输排放占全市总排放的19%，北京和天津分别为46%和19%[15]。赵敏等对2002~2006年上海市各种交通方式产生的 CO_2 排放量估算结果表明，私家车和轨道交通排放比例上升，公交车和出租车排放比例下降[16]。冯蕊等对天津市居民生活消费 CO_2 排放进行了估算，其中部分内容涉及居民交通出行[17]。

第三类是从宏观层面研究交通能源及 CO_2 排放的现状和发展趋势。关于我国交通排放在全国排放中的比重，已有的研究结果较少。主要原因是，在我国统计制度中，交通活动被分别归入工业、运输、民用等多个部门，统计口径分散，所需数据的整理工作比较复杂，工作量大。麦肯锡咨询公司公布的一项研究结果认为中国交通部门排放占全国排放的9%[18]，但是没有给出数据来源和估算过程。

关于未来我国交通排放的发展趋势有很多研究结果。蔡闻佳等通过对我国道路排放的情景分析，认为2020年最大减排潜力约为基准情景的32%[19]。周伟等利用 Markal-Macro 模型对运输部门排放趋势进行了预测[20]。

对除了道路部门之外的其他交通部门排放情况的研究相对较少。何吉成等计算了 1975 ~2005 年我国铁路机车的 CO_2 排放量，分析了排放强度变化趋势和原因[21]。崔力心对高速铁路的能源消耗和 CO_2 排放进行了研究，通过传统铁路、飞机和汽车的对比分析，得出高速铁路减排效果与速度及客座率等因素联系紧密的结论[22]。

由此可见，对我国交通部门用能和 CO_2 排放的研究工作已经取得了很多成果。但是，仍然存在一些不尽如人意之处。首先，研究大部分集中在道路交通部门，对其他交通方式的关注偏少。其次，受统计制度和数据可获得性的影响，很多研究将道路运输部门与其他私人道路交通活动分割开，使研究结果相对片面，难以呈现出道路交通排放的整体情况。再次，对交通部门排放总量及所占比重的统计和估算等基础性研究工作偏少，且估算排放量时很少考虑间接排放或生命周期排放。最后，对交通部门内部能耗结构和排放结构的研究结果不多，对各种交通方式能耗水平和排放水平的综合对比研究较为缺乏。

第二节　部门活动水平分析法

部门活动水平分析法是能源需求预测时广泛采用的基本方法，是通过对某个部门能源相关的活动水平和单位能源服务的能耗水平分别进行预测，然后得到某个部门的能源需求总量。应用于交通部门时，就是分别预测各个交通部门的能源服务的活动水平、各个交通部门各种交通工具的能源消耗强度，然后汇总得到交通部门的整体能源需求预测结果。这种方法是按照某个部门能源消费的实际情况进行计算的，通过最大限度地刻画事实来提高预测的准确性。其具体可以表示为：

$$E_i = \sum_{j=1}^{n} G_{ij} q_{ij} \tag{2-1}$$

式中　G_{ij}——第 i 个交通部门中第 j 类能源服务的活动水平；

q_{ij}——第 i 个交通部门中第 j 类能源服务的能耗强度；

E_i——第 i 个交通部门的能源需求；

n——交通能源服务的种类。

式（2-1）中，能源服务的活动水平可以表示为：

$$G_{ij}(t) = G_{ij}(t_0) \times (1 + \beta_{ij})^{(t-t_o)} \tag{2-2}$$

式（2-2）中，能源服务的能耗强度可以表示为：

$$q_{ij}(t) = q_{ij}(t_0) \times (1 - r_{ij})^{(t-t_o)} \tag{2-3}$$

式（2-2）和式（2-3）中 t_0——基年年份；

$q_{ij}(t)$——第 t 年段第 i 个交通部门第 j 类能源服务的能耗强度；

$q_{ij}(t_0)$——基年第 i 个交通部门第 j 类能源服务的能耗强度；

$G_{ij}(t)$——第 t 年段第 i 个交通部门第 j 类能源服务的活动水平；

$G_{ij}(t_0)$——基年第 i 个交通部门第 j 类能源服务的活动水平；

r_{ij}——第 i 个交通部门第 j 类能源服务的平均节能率；

β_{ij}——第 i 个交通部门第 j 类能源服务活动水平的平均增长率。

例如，在应用部门活动水平分析法预测交通运输部门的能源需求时，通常可以采用以下公式：

能源消费量 = 运输周转量 × 单位周转量的能耗强度　（2-4）

又如，在应用部门活动水平分析法预测汽车部门的能源需求时，一般表示为：

能源消费量 = 汽车保有量 × 单车的年均行驶里程 × 汽车百千米能耗（2-5）

第三节 IEA/SMP 模型

IEA/SMP 模型是部门活动水平分析法的一个应用实例。2000 年，IEA 和 WBCSD 共同启动了可持续交通项目（Sustainable Mobility Project，SMP）。这是一个为期四年的研究项目，主要内容是各类交通模式的可持续发展，包括交通需求、能源需求、GHG 排放、污染物排放、交通安全等包含政策选择的情景分析。2001 年时，该项目发布了第一份报告“Mobility 2001-World mobility at the end of the twentieth century and its sustainability”，回顾了20世纪世界交通的发展情况[23]。2002年发布项目阶段进展报告“The Sustainable Mobility Project-July 2002 Progress Report”[24]。2004年项目结束，发布了重要成果IEA/SMP模型和最终报告“Mobility 2030：Meeting the Challenges to Sustainability”[25]。之后2007年又发布了后续报告“Mobility for Development：Facts & Trends briefing”，展望了世界交通的发展趋势和前景[26]。

IEA/SMP模型是该项目的重要成果之一，现已逐渐被各国学者所采用，进行对全球和各国交通部门的研究。SMP模型用于估计全球包括11个国家和地区㊀的交通部门的CO_2排放、污染物排放与燃料使用，以及情景预测和政策分析，并涵盖了所有交通模式和大部分车辆种类㊁。模型产出包括到2050年的基准情景和各种政策情景下汽车保有量预测、行驶里程、能源使用与其他重要指标（如交通安全）。它是以技术为导向并可以清楚描述细节的自底向上模型，其中，对占道路交通主要部分的轻型汽车的技术细节进行了详细描述[27]。模型中关于经济关系和技术路线成本等问题的考虑已包含在情景设计过程中。

IEA/SMP模型是遵从“ASIF”思想建立的计算模型（见表2-1），考虑了交通部门的活动水平、交通工具的种类和结构、交通工具的能源消耗强度、燃料种类等主要影响因素。这种建模思想本质上是部门活动水平分析法。

表2-1 SMP模型“ASIF”建模思想

元素	含义
A（Activity，活动）	体现旅客和货物运输需要的活动水平
S（Structure，结构）	表示交通模式的份额和交通工具（如汽车）种类的比例
I（Intensity，强度）	代表交通工具在提供运输服务时的效率水平
F（Fuel type，燃料种类）	是指燃料结构和排放特性

IEA/SMP模型中轻型车模块的详细计算思路如图2-3所示，详尽描述了各种车辆技术和燃料使用的细节。

㊀ 模型涉及的11个国家和地区包括北美（NA）、欧盟（EU）、OECD太平洋国家（OECD Pacific）、苏联（Soviet Union）、东欧国家（Eastern Europe）、中国、印度、其他亚洲国家、中东国家、拉丁美洲国家和非洲国家。

㊁ 模型涉及的交通模式和车辆种类包括轻型车（LDV）、中型货车（Medium Freight Trucks）、重型货车（Heavy Freight Trucks）、两轮车（Two-wheelers）、三轮车（Three-wheelers）、客车（Buses）、微型客车（Minibuses & Paratransit）、铁路客运（Passenger Rail）、铁路货运（Freight Rail）、航空（Air Travel）和水运（Water-borne Transport）。

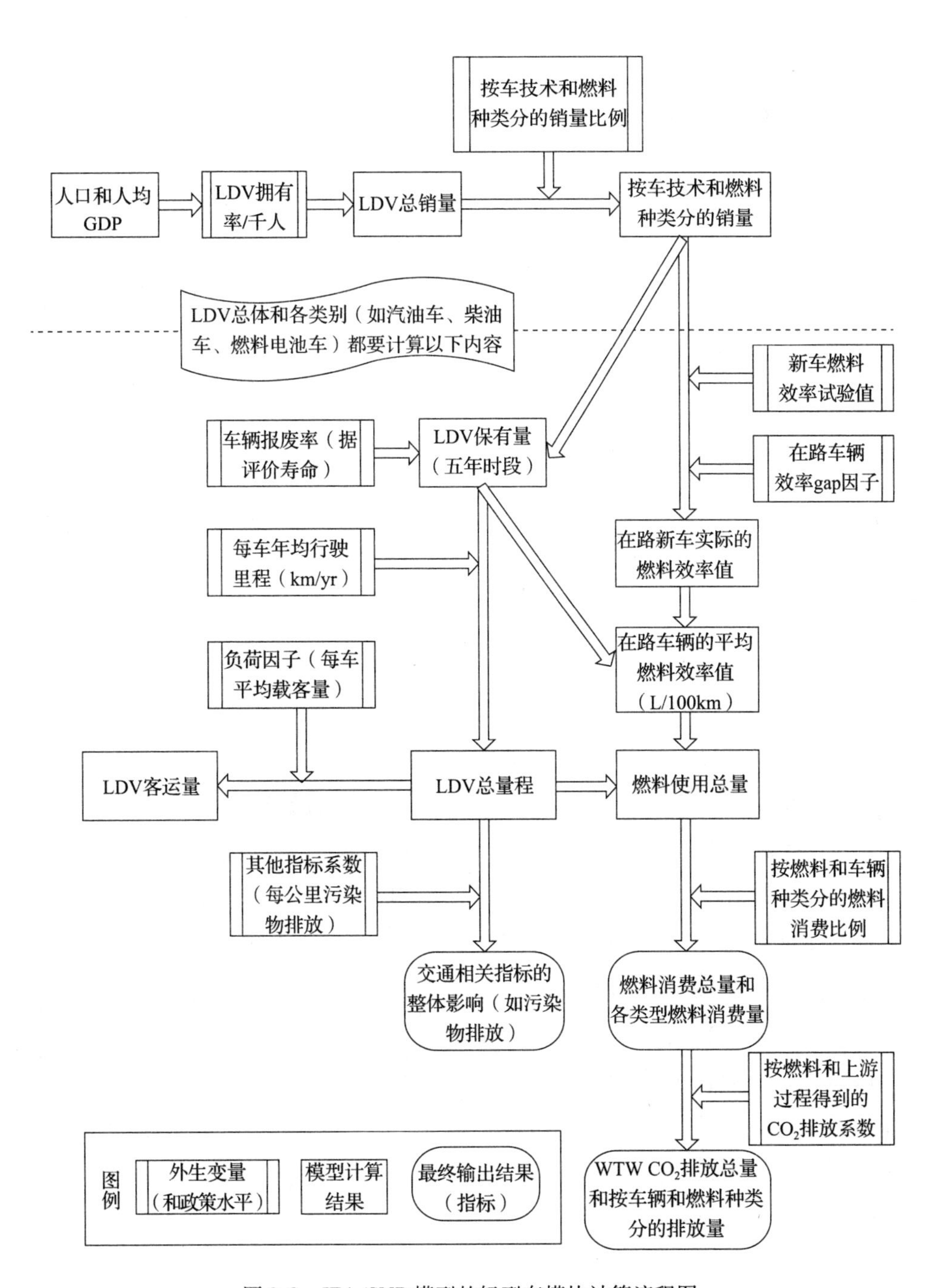

图 2-3　IEA/SMP 模型的轻型车模块计算流程图

第四节 碳排放估算方法

与能源模型的建模思路相似，碳排放估算大体上也有两种思路，一种是自顶向下，从宏观层面出发进行估算；另一种是自底向上，基于微观数据进行测算。严格意义上讲，除 CO_2 排放外，温室气体还包括甲烷（CH_4）、氧化亚氮（N_2O）、氢氟烃（HFCs）等，但是由于 CO_2 排放量大且寿命期长，成为关注的焦点。因此下文表述中将简单用碳排放来代表温室气体排放，不再做详细区分。

一、IPCC 排放清单法

估算某部门温室气体的直接排放量，按照国际惯例采用在《国家温室气体清单优良做法指南和不确定性管理》（Good Practice Guidance and Uncertainty Management in National Greenhouse Gas Inventories，简称《优良做法报告》）[28]与《IPCC 国家温室气体排放清单编制指南》（IPCC Guidelines for National Greenhouse Gas Inventories，简称《IPCC 指南》）[29,30]中提出的方法㊀。

1995 年 IPCC 出版了第一版《国家温室气体清单指南》，并于 1996 年进行了修订。1996 年版《IPCC 指南》将温室气体排放分为自然排放源和社会经济排放源两大类，包括六个主要排放来源部门，即能源（Energy）、工业过程（Industrial Processes）、溶剂和其他产品使用（Solvents & Other Product Use）、土地利用变化和林地（Land Use Change & Forestry）、农业（Agriculture）和废弃物（Waste）。以 1996 年版为基础，2006 年 IPCC 推出了新一版的《IPCC 指南》，进一步将碳排放源合并为四个主要部门，即能源（Energy）、工业过程和产品使用（Industrial Processes and Product Use，IPPU）、农业林业和其他土地利用（Agriculture，Forestry and Other Land Use，AFOLU）和废弃物（Waste）。可以看到，2006 年版《IPCC 指南》将“工业过程”与“溶剂和其他产品使用”进行了合并，将“土地利用变化和林地”与“农业”进行了合并。之后 2006 年版《IPCC 指南》还进行了三次修

㊀ 该指南于 1995 年出版，1996 年修订，2006 年再次修订。其中关于“能源”部分排放清单编制的方法学基本没有变化。下载地址 http://www.ipcc-nggip.iges.or.jp/public/index.html。

订，对如何使用该指南进行国家尺度的碳排放量估算进行了补充说明。《IPCC 指南》提供的核算方法涉及了人类生产生活的各个领域和各项流程，门类比较齐全，体系也比较合理。各国政府在参与全球气候治理中需要向 IPCC 报告本国的碳排放，都是依据 IPCC 指南进行计算的。

交通部门属于移动源排放，主要温室气体是 CO_2、甲烷和氧化亚氮。其中，CO_2 排放量估算是基于所燃烧的燃料的数量、类型及其含碳量，而对甲烷和氧化亚氮的排放量估算方法较为复杂，因为其排放因子与车辆技术、燃料和运行特点有紧密联系。但是，在燃烧过程中，大部分碳元素立即以 CO_2 的形式排放到大气中，而少部分的碳是以一氧化碳、甲烷和非甲烷等挥发性有机化合物的形式释放。由于这些气体在大气中的状态不稳定，经过几天到大约 12 年不等的时间都会被氧化成 CO_2，所以《IPCC 指南》将所有形式的碳排放物都视为 CO_2。值得注意的是，没有释放的碳，即在燃烧过程中没有被氧化的碳，将存留在颗粒物、烟灰或灰渣中，这部分不应计入 CO_2 排放总量中。

$$CO_2 \text{排放量} = \sum_{j=1} [(\text{燃料消费量}_j \times \text{排放因子}_j) - \text{固碳量}] \times \text{氧化率} \times \frac{CO_2}{C} \tag{2-6}$$

式中，j 为燃料种类。

IPCC 提供了排放因子数据库，但是由于每个国家的实际情况不同，排放因子也有较大差异，从而带来温室气体排放总量计算值与实际值的误差。因此，对一国的排放因子进行本土化研究非常必要。

二、部门排放估算法

《IPCC 指南》提供的排放清单法是一种自顶向下的碳排放估算方法，因为基于燃料分类，方法简单，易于操作，适用于宏观估算。但是这种方法没有充分考虑技术细节，难以对技术进步、宏观政策、相关价格和税收等变量进行刻画，而且将碳排放归因于末端使用部门，没有考虑间接排放的问题。因此，IPCC 排放清单法具有一定的局限性。

另一种思路是自底向上的微观计算法，首先对单个碳排放部门基于技术细节进行详细估算，然后将各个碳排放部门进行汇总。这种方法需要对每个碳排放部门进行深入细致的研究，要以翔实的微观数据作为基础。事实上，目前这方面的研究主要是在各个碳排放部门的内部进行。

在交通部门，具体做法是，首先根据交通活动水平估算出某种交通工具各种燃料的消费量，如式（2-7）所示，然后用消费量乘以由不同燃料品种和车辆技术决定的排放因子，汇总得到交通部门的总排放量，如式（2-8）所示。

$$\text{燃料消费量}_{ij} = n_{ij} \times VMT_{ij} \times e_{ij} \tag{2-7}$$

$$CO_2\ \text{排放量} = \sum_i \sum_j (\text{燃料消费量}_{ij} \times \text{排放因子}_{ij}) \tag{2-8}$$

式中，i 为交通工具类型，j 为燃料种类，*VMT*（*vehicle miles traveled*）为每年每辆交通工具行驶里程，e 为单位里程燃料消费量。

自底向上的微观计算法是部门碳排放估算时的基本方法，应用广泛，比较精确，但是操作复杂、工作量大，适用于具体技术路径的研究。在具体用于交通部门时，需要基于车辆技术与燃料特性，如下文将介绍的 GREET（the Greenhouse Gases, Regulated Emissions and Energy Use in Transportation）模型中就采用了这种方法。

第五节　WTW 分析法和 GREET 模型

WTW 分析法和 GREET 模型是在生命周期思想指导下发展出来的研究交通部门碳排放的方法，应用十分广泛。早在 1969 年，美国可口可乐公司就对各种饮料容器的资源消耗和环境释放进行了特征分析，随后便发展出了在研究能源资源消耗和环境影响方面的生命周期思想。标志性事件是 1997 年 ISO 发布了第一个生命周期评价的国际标准——ISO14040《生命周期评价原则与框架》。生命周期评价（Life Cycle Analysis, LCA）是目前国际上比较流行的，对于一种工艺、产品或者活动进行的“从摇篮到坟墓”（Cradle-to-Grave）的环境和资源评价方法。经过 30 多年的发展，生命周期评价法逐步完善，进入了成熟应用的阶段，其运用到道路交通领域，所研究的对象是汽车和燃料的功能组合，因为正是这个组合实现了为人们提供代步工具和运输工具的功能。

将生命周期评价方法应用于汽车部门时，又出现了专门针对车用燃料路线的“从矿井到车轮”分析法。最初 WTW 分析方法被称为燃料循环分析（Fuel-Cycle

Analysis），顾名思义，是基于燃料从开采、生产、运输、分配到使用的全过程，对燃料全生命周期过程中的能源消耗和污染物及碳排放进行分析与计算。

应用WTW分析法进行研究的典型代表是美国能源部（Department of Energy，DOE）阿贡国家实验室（Argonne National Laboratory，ANL）开发的GREET模型，它被誉为评价和比较交通燃料与先进汽车技术的能源环境影响的“黄金标准”。GREET模型是一个能够模拟在各种汽车与燃料组合之下的能源使用和污染物排放的分析工具（见图2-4）。目前，GREET模型已经从最初的燃料循环分析进行了拓展，不但可以分析燃料从“矿井到车轮”的生命周期过程中的污染物和碳排放，还可以分析车辆“从原材料到报废”的生命周期过程中的污染物和碳排放，包括CO_2、CH_4、N_2O及其他关键污染物。而且该模型不仅考虑了加工转换过程中燃料

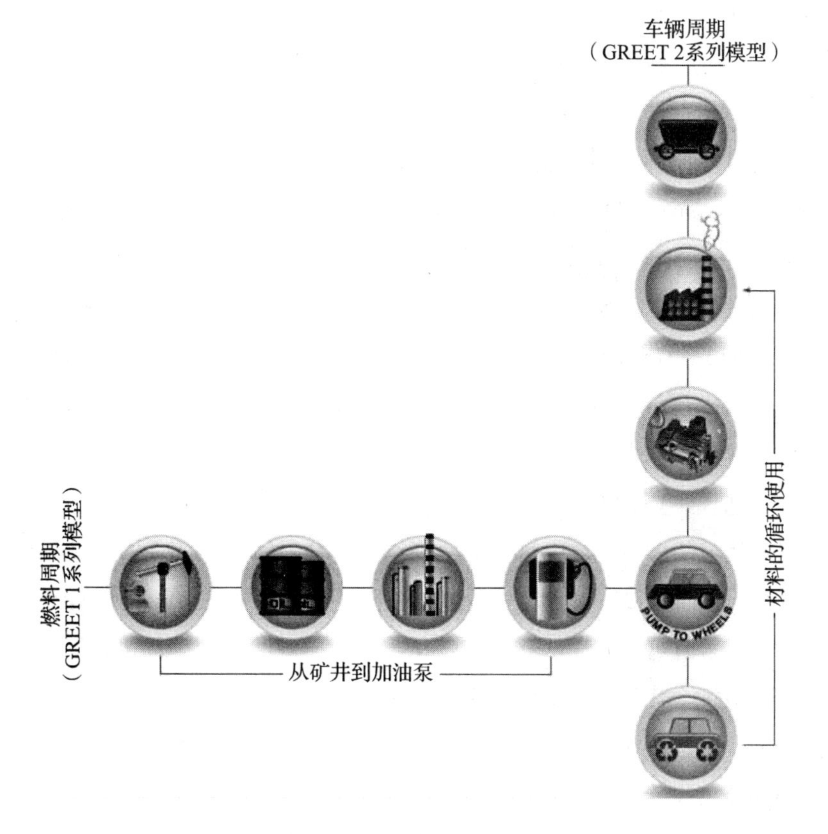

图2-4 GREET模型的分析思路

注：摘自参考文献［31］。

使用造成的燃烧排放，也考虑了储藏和运输过程中的排放泄露问题。GREET 模型可以计算超过 85 组“燃料 + 车辆”的组合。因其强大的分析功能，该模型被世界范围内的政府部门、汽车和能源行业、研究机构、大学等单位广泛使用。

第六节 CO_2 浓度稳定廓线

碳排放的估算以及碳排放控制最终是为了使全球的 CO_2 浓度稳定在一个合理且安全的水平上，这也是《公约》提出的全球应对气候变化的最终目标。因此碳排放量与 CO_2 浓度稳定水平的关系就成为气候变化研究中的一个关键问题[32]。IPCC 早在其 1990 年和 1992 年的研究报告中就开始探讨碳循环（Carbon Cycle）的命题，试图解释排放量与浓度的重要关系[33]。此外，在 SAR、TAR 和 AR4 三次评估报告中都对温度升高、CO_2 浓度稳定性水平及排放量等重要问题进行了深层次的研究与讨论[34,35]。

IPCC 于 1994 年提出了 S 廓线（S Profile）[36]，给出了在未来几个世纪内达到 350ppmv、450ppmv、550ppmv、650ppmv 和 750ppmv 的 CO_2 大气浓度稳定水平的情景（2100 年以后或远期浓度达到稳定），并且利用碳循环模式反向计算出通过具体路径实现各种稳定性水平所要求的 CO_2 排放量变化情况。IPCC 在 SAR 中采用了 S 廓线，并指出最终的 CO_2 稳定浓度主要取决于现在到稳定时点的累计排放量，而与这段时间内排放量变化方式关系不大[37]。但是，Wigley 等科学家指出 IPCC 的观点存在偏差，S 廓线只是给出了众多可能性中的一种，为达到同一个稳定性水平，可以选择不同的时间路径，从而带来排放量变化的巨大差别[36]。换句话说，Wigley 认为某个稳定浓度水平的实现并不是与时间路径无关。因此，1996 年 Wigley 等提出了新的 CO_2 浓度稳定性廓线[38]，即 WRE 廓线（WRE Profile）㊀，进一步探讨了是否有可能实现从高度依赖化石燃料的现状向稳定性浓度要求的排放进行转变，他将全球经济系统纳入到考虑范畴内，估计了稳定性廓线对应的人为排放变化的要求，并评估了排放变化对全球平均气温和海平面的影响。对稳定浓度与排放路径之间的相关性问题，在进一步深入研究取得进展之前，还难以得出

㊀ WRE 廓线（WRE Profile）是以其作者 Wigley、Richals、Edmonds 的首字母命名的。

一致的结论。

WRE 廓线是目前应用范围最广泛的 CO_2 浓度稳定性目标，它与 S 廓线的比较如图 2-5 所示。虽然两套廓线最终都在远期实现了相同的浓度稳定水平，但是在 2050 年之前 WRE 廓线明显高于 S 廓线，说明 WRE 廓线设定的行动计划较 S 廓线

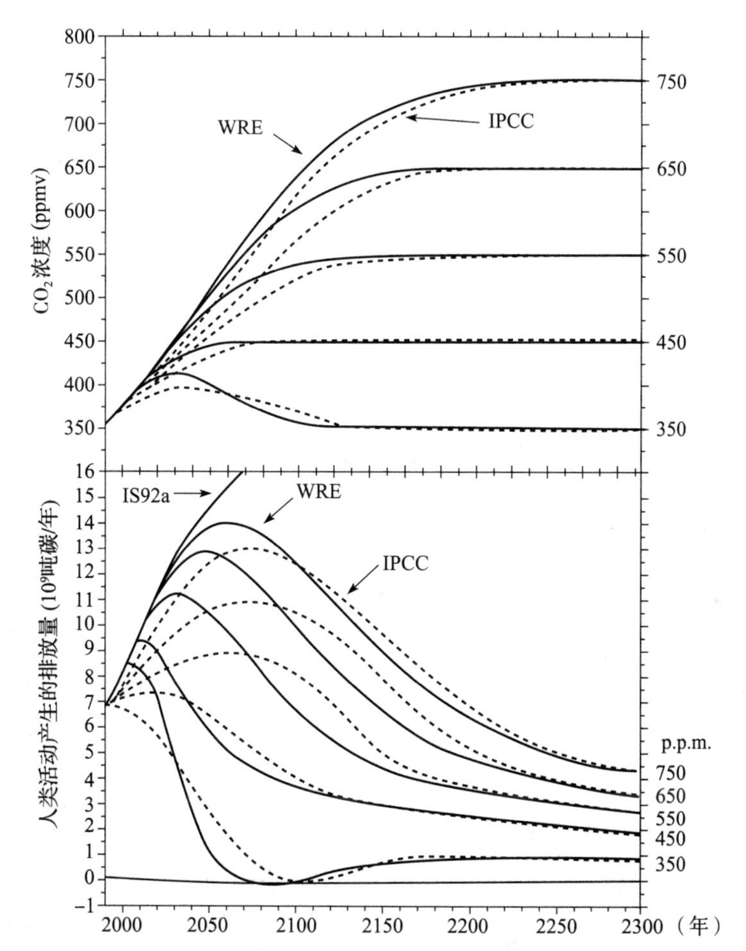

上图是CO_2浓度为350ppmv ~ 750ppmv时的稳定廓线，虚线和实线分别是IPCC第一工作组和修正的浓度扩线（本文的WRE）。下图是用Wigley模型得到的对应CO_2浓度在350ppmv ~ 750ppmv时人类活动产生的年排放量。

图 2-5　S 廓线与 WRE 廓线比较

注：摘自参考文献［38］。

的行动计划减排力度小、开始时间晚。因此，S 廓线又被称为“及时行动情景”，而 WRE 廓线则被称为“推迟行动情景”。

2001 年 IPCC 的 TAR 新增了 WRE 廓线作为情景分析的基础，考虑的 CO_2 浓度范围为 450ppmv ~ 1 000ppmv。相比 SAR 报告采用的 S 廓线，WRE 廓线间接地考虑了经济因素，并且与 1999 年的 CO_2 浓度观察结果具有良好的一致性，而 SAR 采用的 S 廓线要求过高，依照其提出的 20 世纪 90 年代期间的排放和浓度要求已经远低于实际观测值，所以被认为过于理想化和不切实际。但是，为了与 WRE 廓线进行比较，TAR 中仍然分析了 S 廓线情景[38]。2007 年 IPCC 在 AR4 中又提出了新的 SP 廓线。

鉴于 WRE 廓线的开放性，近年来已被各国研究人员广泛使用。但是，国内采用 WRE 廓线或其他稳定廓线方法进行 CO_2 排放问题分析的研究还很少见。

第七节　排放权分配方法

为实现《公约》提出的稳定大气中 CO_2 浓度的目标，各国都在积极研究碳排放限额分配的方案。这是因为碳排放空间对发展中国家和发达国家都至关重要。它与总排放量目标和排放权分配方法联系紧密。《巴黎协定》后，世界各国已经就全球温室气体长期目标达成了共识，在此基础上不可避免地要研究实现该目标过程中各个缔约方的排放空间问题。在进行碳排放权分配时，碳排放的主体可以从两个维度进行划分，一是依据国家或地区分布，如欧盟、美国、澳大利亚、中国等；二是依据生产或生活部门分布，如工业、交通、居民等。

排放权分配原则与各国利益息息相关，一直是国际政治谈判中的焦点，也是学术界最富有争议的研究课题。目前提出的排放权分配原则（或称为碳排放权分配机制）种类繁多，受到普遍关注的主要有以下几种。

第一，紧缩与趋同（Contraction and Convergence，C&C）原则，要求所有国家共同参与，在控制全球碳排放轨迹的目标下，使年人均排放逐渐收敛，至目标年份相等[39]。

第二，共同但有区别（Common but Differentiated Convergence，CDC）的原则，

附件一国家人均排放减少并在一段时间内收敛于某一低水平，非附件一国家在人均排放高于全球平均水平一定比例后分别采取减排行动，要求在和附件一国家相同时间内降低并收敛于相同水平[40]。

第三，多阶段（Multistage）参与原则，通过设置阈值的方法要求发展中国家按照基准排放情景、碳排放强度下降阶段、稳定排放极端和减排阶段四个阶段承担减排义务[41]。

第四，全球 Triptych（Global Triptych）原则，从部门维度出发，通过人均、年效率提高率、碳排放强度年下降率为民用、重工业与发电部门确定部门减排目标，然后汇总得到国家减排目标[42]。

第五，部门方法，是通过对所有国家的某个部门实行同样的减排规则，从而避免国家之间的竞争性的问题，最近提出的方案是附件一国家继续实行绝对减排目标，关键发展中国家许诺主要能源部门和重工业部门自愿参与实现"无损失"的温室气体强度目标，例如温室气体/吨钢[43]。

第六，强度方法，即单位 GDP 的温室气体排放率以固定速率下降。

第七，"两个趋同"原则，即趋同年（2100 年）各国的人均碳排放相同和 1990 年到趋同年各国累积的人均碳排放相等原则[44]。

减排责任分配原则的比较如表 2-2 所示。

表 2-2　减排责任分配原则比较

	力度	弱点
紧缩与趋同原则	• 所有国家参与 • 确定的全球排放量 • 简单、清晰的概念 • 包括了发展中国家通过国际碳排放交易实现成本有效的减排方案 • 有利于超额排放的发达国家最少 • 与《京都议定书》一致（报告和机制，CDM 不是必需的）	• 有的国家情况（包括历史责任）不适应（一个地区内的不同国家可以再分配排放权进而适应国家的需要） • 人均排放水平高的国家实质性减排，发展中国家不例外 • 需要能够参与碳排放交易的发达国家数量最少（国家温室气体排放清单和排放交易授权） • 少数发达国家的超额排放权需要由发达国家更严厉的减排目标来补偿

（续）

	力度	弱点
共同但有区别的原则	• 应用规则简单，因此使该方法透明和易于理解 • 考虑到历史排放责任，非附件一国家推迟减排 • 确定的全球排放量 • 消除紧张局面（指低排放国家无超额排放权） • 与《京都议定书》一致（报告和机制）	• 有的国家情况不适应，除了人均排放和目前的附件一国家 • 可能过于简单，并且未考虑到国家的具体情况
多阶段参与原则	• 国家逐渐进阶，与《公约》精神一致，考虑了国家情况 • 该一般框架可以适应很多想法，满足多种需要 • 为循序渐进的决策过程预留了空间 • 工业化国家领导执行的同时建立了信任 • 与《京都议定书》一致（报告和机制）	• 会导致复杂的系统，需要众多决策和例外机制 • 由于国家进阶太晚导致一些长期稳定方案失效的风险 • 国家在某阶段参与的激励机制
全球 Triptych 原则	• 明显地适应国家情况 • 明确允许所有国家通过改进效率实现经济增长 • 目的是推动产业间同水平的国际竞争 • 有成功应用的先例（在欧盟内部），作为谈判目标的根据 • 与《京都议定书》一致（报告和机制）	• 高度复杂性，需要繁多的决策和部门数据，使得全球应用具有挑战性，可能导致认识上的不透明 • 协议要求重工业和电力部门遵守预测的生产增长率可能非常困难
部门方法	• 明确地考虑国家部门情况 • 提供了对最重要的部门和特别减排方案的关注 • 如果动态化，将提供生产的灵活性和增长空间 • 使得很多挑选的部门参与进来，从而使得国家的参与更容易 • 如果全球平等地实行，则降低了竞争问题 • 可以被纳入京都系统	• 仅涵盖了部分部门，有可能导致实现较低稳定水平的可能性降低 • 需要具体的部门信息，目前只有一些国家和部门可以获得 • 需要谨慎地制定目标 • 降低了全球排放水平的确定性，由于生产规模的增加（和因此导致的温室气体排放）环境效应没有保证

（续）

	力度	弱点
强度方法	• 允许经济增长和经济碳效率的改进 • 与《京都议定书》一致（报告和机制），但是要求对排放交易进行额外规定	• 全球排放水平的不确定性，环境效应不能得到保证 • 如果 GDP 由于经济困难而降低，将会出现问题 • 这类目标很难确定且很难在不同国家之间进行比较 • 需要 GDP 的监测
“两个趋同”原则	• 人均原则体现公平（趋同年的人均排放相等、人均累计排放相等） • 考虑历史责任（累计排放） • 发展中国家获得较多发展空间，有利于发展中国家实现工业化和现代化	数据要求高，包括历史排放数据、未来预测数据（如人口）等

如何体现不同国家地区和不同发展阶段在排放权益方面的公平性，是排放权分配原则的根本问题。如何使确定某排放主体的排放空间的方法具有可操作性，是能否实现排放权分配任务的重要条件。这二者之间存在着难以调和的矛盾：充分体现公平因素的排放权分配原则会导致复杂的系统和较高的数据要求，如“两个趋同”原则；规则简单且易于操作的排放权分配方法又会在一定程度上损伤公平性，如紧缩与趋同原则。因此，现有的各种排放权分配原则都尝试着在公平性和可操作性之间找到最佳平衡点。当前大部分研究多偏重于排放权分配机制的理论探讨，将其作为一项研究工具来建立量化排放目标并进一步研究某个部门减排路径的研究成果还比较少见。

参考文献

[1] Gitiaux X, Paltsev S, Reilly J, et al. Biofuels, Climate Policy and the European Vehicle Fleet[R]. MIT Joint Program on the Science and Policy of Global Change, Report No. 176, Cambridge, MA, 2009.

[2] Karplus V J, Paltsev S, Reilly J M. Prospects for Plug-in Hybrid Electric Vehicles in the United States and Japan: A General Equilibrium Analysis[R]. MIT Joint Program on the Science and Policy of Global Change, Report No. 172, Cam-

bridge, MA, 2009.

[3] Marsh G, Taylor P, Haydock H, et al. Options for a Low Carbon Future[R]. Draft Final Report for the UK Department of Trade and Industry and the Department for Environment and the Perforamce and Innovation Unit, 2002.

[4] Azar C, Lindgren K, Andersson B A. Global Energy Scenarios Meeting Stringent-CO_2 Constraints-cost-effective Fuel Choices in the Transportation Sector[J]. Energy Policy, 2003, 31(10): 961-976.

[5] Schaefer A, Jacoby H D. Technology Detail in a Multi-sector CGE Model: Transport Under Climate Policy[J]. Energy Economics, 2005, 27(1): 1-24.

[6] Kreucher W M, Han Weijian, Zhu Qiming, et al. Economic, Environmental and Energy Life-Cycle Assessment of Coal Conversion to Automotive[R]. SAE Technical Paper, 1998.

[7] 易红宏，朱永青，王建昕，等．含氧生物质燃料的生命周期评价[J]．环境科学，2005，26(6)：28-32.

[8] 胡志远，谭丕强，楼狄明，等．不同原料制备生物柴油生命周期能耗和排放评价[J]．农业工程学报，2006，22(11)：141-146.

[9] 吴锐，雍静，任玉珑，等．生命周期方法在天然气基汽车燃料评价中的运用[J]．环境科学学报，2005，25(1)：123-127.

[10] 张亮，黄震．煤基车用燃料的生命周期能源消耗与温室气体排放分析[J]．煤炭学报，2006，31(5)：662-665.

[11] 晓斌，陈贵峰，张阿玲．洁净煤发电生命周期评价报告[R]．北京：清华大学，中国煤炭工业洁净煤技术研究中心，2005.

[12] 冯文，王淑娟，倪维斗，等．燃料电池汽车氢源基础设施的生命周期评价[J]．环境科学，2003，24(3)：8-15.

[13] 申威．中国未来车用燃料生命周期能源、GHG 排放和成本研究[D]．北京：清华大学公共管理学院，2007.

[14] 陈吉勇．各地区能源消费的 CO_2 排放状况研究[D]．北京：清华大学公共管理学院，2008.

[15] 陈飞，诸大建．低碳城市研究的理论方法与上海实证分析[J]．城市发展研

究, 2009, 16(10): 71-79.

[16] 赵敏, 张卫国, 俞立中. 上海市居民出行方式与城市交通 CO_2 排放及减排对策[J]. 环境科学研究, 2009, 22(6): 747-752.

[17] 冯蕊, 朱坦, 陈胜男, 等. 天津市居民生活消费 CO_2 排放估算分析[J]. 中国环境科学, 2011, 31(1): 163-169.

[18] McKinsey Quarterly. China and the US: The Potential of a Clean-tech Partnership [EB/OL]. [2009-03-23]. http://www.mckinseyquarterly.com/China_and_the_US_The_potential_of_a_clean-tech_partnership_2419?pagenum=1#interactive.

[19] 蔡闻佳, 王灿, 陈吉宁. 中国道路交通业 CO_2 排放情景与减排潜力[J]. 清华大学学报(自然科学版), 2007, 47(12): 2142-2145.

[20] 周伟, 米红. 中国能源消费排放的 CO_2 测算[J]. 中国环境科学, 2010, 30(8): 1142-1148.

[21] 何吉成, 李耀增. 1975-2005 年中国铁路机车的 CO_2 排放量[J]. 气候变化研究进展, 2010, 6(1): 35-39.

[22] 崔力心. 高速铁路与其他交通方式节能减排比较研究[D]. 北京: 北京交通大学经济管理学院, 2010.

[23] IEA. Mobility 2001-World Mobility at the End of the Twentieth Century and Its Sustainability [R/OL]. [2008-04-12]. http://www.wbcsd.org/plugins/DocSearch/details.asp?type=DocDet&ObjectId=MTg1.

[24] IEA, WBCSD. The Sustainable Mobility Project-July 2002 Progress Report [R/OL]. [2008-04]. http://www.wbcsd.org/plugins/DocSearch/details.asp?type=DocDet&ObjectId=MTg0.

[25] IEA, WBCSD. Mobility 2030: Meeting the Challenges to Sustainability[R/OL]. [2008-04]. http://www.wbcsd.org/plugins/DocSearch/details.asp?type=DocDet&ObjectId=NjA5NA.

[26] IEA, WBCSD. Mobility for Development: Facts & Trends briefing [R/OL]. [2008-04-12]. http://www.wbcsd.org/DocRoot/MD3sS7cd1agD5pxkdjJZ/mobility_for_development_facts_and_trends.pdf.

[27] L Fulton, G Eads. IEA/SMP Model Documentation and Reference Case Projection

[R/OL]. [2008-04-12]. http://www.wbcsd.org/web/publications/mobility/smp-model-document.pdf.

[28] IPCC. IPCC 国家温室气体清单优良作法指南和不确定性管理[R/OL]. [2010-12-21]. http://www.ipcc-nggip.iges.or.jp/public/gp/chinese/gpgaum_cn.html.

[29] IPCC. 1996IPCC 国家温室气体排放清单编制指南[R/OL]. [2010-12-21]. http://www.ipcc-nggip.iges.or.jp/public/gl/invs1.html.

[30] IPCC. 2006IPCC 国家温室气体排放清单编制指南[R/OL]. [2010-12-21]. http://www.ipcc-nggip.iges.or.jp/public/2006gl/index.html.

[31] Argonne National Laboratory. Argonnes-GREET-Model[N/OL]. [2016-12-11]. http://www.anl.gov/sites/anl.gov/files/Argonnes-GREET-Model.pdf.

[32] IPCC. Climate Change 1995: IPCC Second Assessment Report [R/OL]. [2008-04-10]. http://www.ipcc.ch/ipccreports/assessments-reports.htm.

[33] Wigley T M L, Schimel D S. The Carbon Cycle[M]. Cambridge: Cambridge University Press, 2000: 38-49.

[34] IPCC. Climate Change 1995: IPCC Second Assessment Report, the Science of Climate Change, Summary for Policymakers[R/OL]. [2008-04-10]. http://www.ipcc.ch/ipccreports/ assessments-reports.htm.

[35] IPCC. Climate Change 2001: IPCC Third Assessment Report, the Scientific Basis [R/OL]. [2008-04-11]. http://www.ipcc.ch/ipccreports/assessments-reports.htm.

[36] Schimel D S, Enting I G, Heimann M, et al. CO_2 and the Carbon Cycle[M] // Houghton J T, Filho G M, Brucc J, et al. Climate Change 1994: Radiative Forcing of Climate Change and an Evaluation of the IPCC IS92 Emission Scenarios. Cambridge: Cambridge University Press, 1995: 35-71.

[37] IPCC. IPCC Second Assessment Synthesis of Scientific-Technical Information Relevant to Interpreting Article 2 of the UN Framework Convention on Climate Change [R/OL]. [2008-04-10]. http://www.ipcc.ch/pdf/climate-changes-1995/2nd-assessment-synthesis.pdf.

[38] Wigley T M L, Richels R, and Edmonds J A. Economic and Environmental

Choices in the Stabilization of Atmospheric CO_2 Concentrations[J]. Nature, 1996 (379): 240-243.

[39] Aubrey M. Contraction and Convergence: The Global Solution to Climate Change [M]. Devon: Green Books, 2000.

[40] Höhne N, Elzen den M, Weiss M. Common but Differentiated Convergence (CDC): a New Conceptual Approach to Long-term Climate Policy[J]. Climate Policy, 2006, 6(2): 181-199.

[41] Elzen den M G J, Berk M M, Lucas P. Simplified Multi-Stage and Per Capita Convergence: an Analysis of Two Climate Regimes for Differentiation of Commitments[EB/OL]. [2010-03-08]. http://www.rivm.nl/bibliotheek/rapporten/728001027.pdf.

[42] Global Greenhouse Warming. Global Triptych [EB/OL]. [2010-03-08]. http://www.global-greenhouse-warming.com/global-triptych.html.

[43] Global Greenhouse Warming. Sectoral Approach to Emissions Reduction [EB/OL]. [2010-03-08]. http://www.global-greenhouse-warming.com/sectoral-approach.html.

[44] 陈文颖, 吴宗鑫, 何建坤. 全球未来碳排放权“两个趋同”的分配方法[J]. 清华大学学报(自然科学版), 2005, 45(6): 850-853, 857.

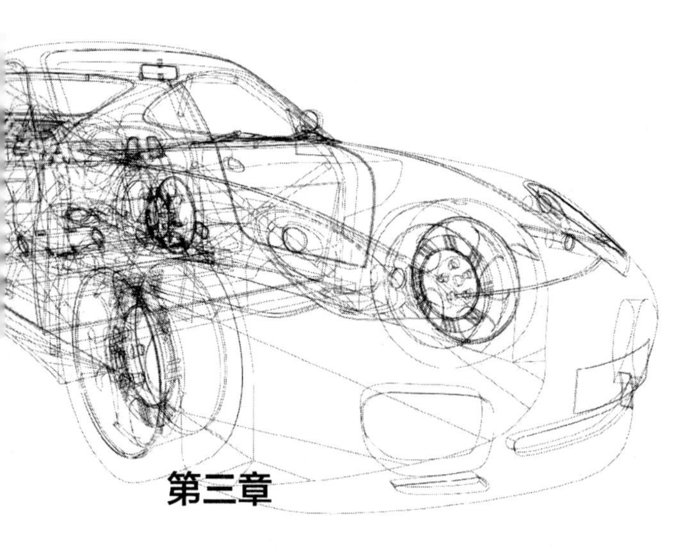

第三章

中国交通部门 CO_2 排放状况

研究中国交通部门的碳减排路径，首先需要了解过去和当前中国交通部门 CO_2 排放情况，这对于我们认清现实情况、分析存在的困难、寻找未来的道路都具有积极意义。但是，遗憾的是关于我国交通部门 CO_2 排放估算方面的研究成果有限。这主要是因为我国统计制度不完善，关键数据的可获得性不高。国外研究机构对我国 CO_2 排放总量和交通部门 CO_2 排放量的研究已有一些初步结果，但是很少提及其数据来源和计算方法。为此，本章将介绍如何对我国交通部门 CO_2 排放情况进行估算并给出估算结果。本章第一节，首先介绍了国内外交通部门的分类情况，然后对公路、铁路、水运、民航和管道等单个交通部门在 2008 年的燃料使用与 CO_2 排放量进行估算。第二节，将根据第一节的估算结果，结合全国化石燃料来源的 CO_2 排放总量，计算出交通部门的碳排放量在总排放量中的比例，并进行国际对比和分析。本章的整体思路如图 3-1 所示。

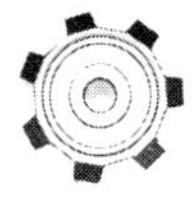

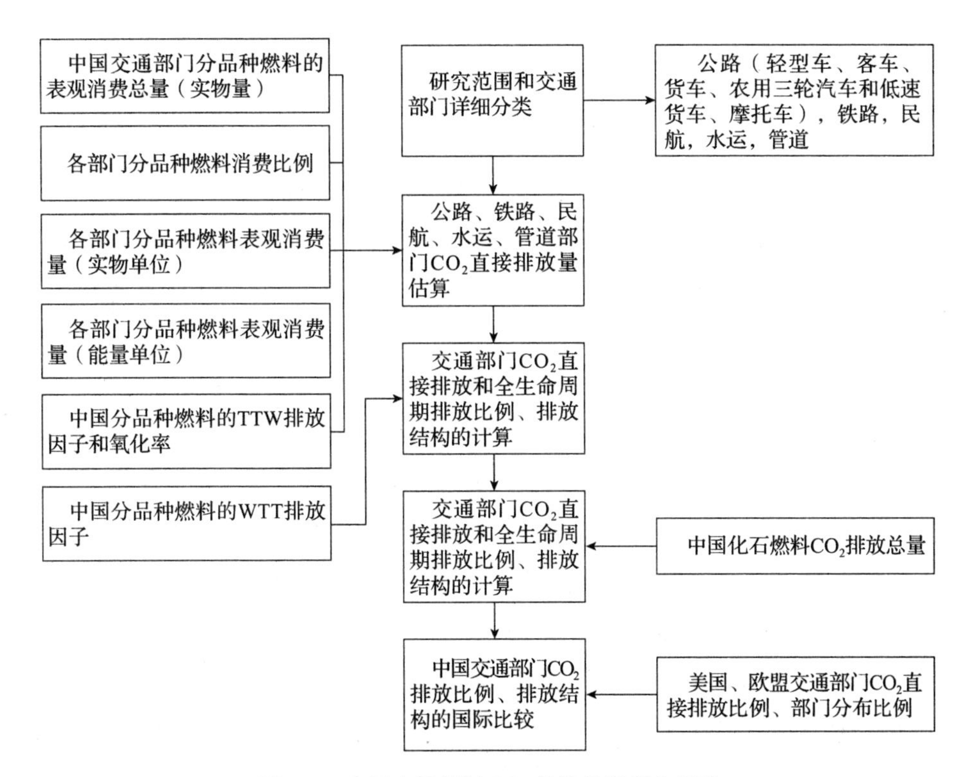

图 3-1　中国交通部门 CO_2 排放状况研究思路

第一节　交通部门分类和范围界定

我国的统计制度分类，将以营运为主的交通运输部门划分为公路、铁路、民航、水运和管道五个部门，未包括其他部门的交通活动和私人交通等。为体现我国交通部门的全貌，本书将道路部门扩展到包括营运和非营运的所有车辆活动。另外，为方便与其他国家进行比较，又根据国际通行的分类方法，将道路部门进一步细分为轻型车（Light-duty Vehicle，LDV）、货车（Truck）、客车（Bus）、其他汽车（如农用三轮汽车和低速货车）和摩托车。

在全世界范围内，道路交通中的轻型车部门都是普及率最高、发展最迅速的部门。而且，轻型车在技术方面的多元化发展日益呈现出欣欣向荣的景象，引起了公众对新材料和新燃料等先进技术应用的广泛关注，使之成为交通能源和碳减排领域的研究重点。本书在后续章节中将以轻型车为重点，以点面结合、兼顾广度和深度的方式研究我国汽车部门的减排路径。

我国汽车分类体系与其他主要发达国家存在显著差别，所以这里首先对汽车分类和轻型车的概念进行讨论并给出界定。

我国汽车分类标准比较复杂，根据管理部门和使用目的的区别，汽车存在五种不同的分类方法（见表3-1），可以简单概括为“两旧两新”标准和公安部标准。在2001年中国加入世界贸易组织（World Trade Organization，WTO）之前，我国的汽车工业处于封闭发展状态，条块分割严重，企业规模普遍偏小，产业集中度很低，技术水平非常落后，行业的整体实力和发展水平较其他国家落后很多。在汽车产品统计和管理方面，也表现出很多问题，其中之一就是汽车分类标准落后，某种程度上阻碍了行业发展。当时，我国汽车工业统计体系对车型的分类主要采用了GB/T 3730.1—1988《汽车和半挂车的术语及定义车辆类型》和GB/T 9417—1988《汽车产品型号编制规则》，即“两旧”标准。从标准名称不难看出，这两个标准都是于1988年前后制定和实施的，可谓是计划经济时代“出生”的“一代”。GB/T 3730.1—1988标准将车型简单分为三类，即货车、客车和轿车。其中，“轿车”是我国长期以来使用的一个概念，但是GB/T 3730.1—1988标准并没有给出它的明确定义，导致在现实管理中，不同的部门只得自行决定“轿车”的范围，出现了不同部门所言“轿车”品种差异很大的现象。此外，GB/T 9417—1988标准也存在一些问题。该标准将汽车产品划分为九类，分类中存在概念不清和分类重叠的情况，造成了很多矛盾。例如，该标准中第一类载货汽车和第三类自卸汽车存在重复，因为自卸汽车包含于载货汽车；又如越野汽车单列为一类，但是实际上某些客车和货车都具有越野性能，造成了重复。另外，GB/T 3730.1—1988和GB/T 9417—1988这两个标准中的分类缺乏一致性，同时使用时会产生彼此不协调的矛盾。由此可见，由于汽车车型分类标准不完善，造成了汽车行业管理和统计工作的诸多问题。“一代”标准已经不能适应我国汽车工业的发展，急需对其进行修改和完善。

表3-1　我国汽车分类标准汇总

标准名称	起止时间	分类简述	管理部门	用途
GB/T 3730.1—1988《汽车和半挂车的术语及定义车辆类型》[1]	1988～2001年	（1）货车 （2）客车 （3）轿车	行业协会	产品管理；行业统计年鉴采用

（续）

标准名称	起止时间	分类简述	管理部门	用途
GB/T 9417—1988《汽车产品型号编制规则》[2]	1988 ~ 2001 年	（1）载货汽车 （2）越野汽车 （3）自卸汽车 （4）牵引汽车 （5）专用汽车 （6）客车 （7）轿车 （8）其他 （9）半挂车及专用半挂车	行业协会	产品申报和注册
GB/T 3730. 1—2001《汽车和挂车类型的术语及定义》[3]	2001 年至今	（1）乘用车 （2）商用车	行业协会	行业管理，行业统计年鉴采用
GB/T 15089—2001《机动车辆及挂车分类》[4]	2001 年至今	（1）L 类，两轮或三轮机动车 （2）M 类，客车 （2）N 类，货车 （3）O 类，挂车 （4）G 类，越野车	行业协会	行业管理，其他标注（如轻型车燃料限值标准）
《机动车类型分类表》[5]	2001 年起生效；2004 年修改；沿用至今	（1）客车 （2）货车 （3）其他	公安部交通管理局	汽车登记，驾驶员管理，《中国统计年鉴》采用

为了迎接“入世”挑战，尽快融入全球市场环境，我国汽车行业进行了一系列改革措施，包括汽车产业政策的重新制定，以及汽车分类标准的更新和完善。于是，“第二代”汽车分类标准应运而生，分别替代了“一代”标准的 GB/T 3730. 1—2001《汽车和挂车类型的术语及定义》和 GB/T 15089—2001《机动车辆及挂车分类》（见表 3-2），即“两新”标准。其中，GB/T 3730. 1—2001 标准按照使用目的将汽车分为乘用车和商用车。乘用车是指作为代步工具的私人用途汽车，而商用车主要是指以商业盈利或公务为目的的民用车辆。商用车又细分为客车、货车和半挂牵引车。半挂牵引车自成一类，与货车并列，实际上是参考了发达国家“一车多挂”的高效货物运输方式，预示着我国货运汽车改革的方向，也是这一新标准的亮点。GB/T 15089—2001 标准实际上是对道路上行驶的汽车、挂车和摩托车进行的统一分类，其分类标准包括车辆用途和载客数量或载重质量等。M 类载客汽车和 N 类载货汽车分别进一步细分为三类。其中，M1 类与 GB/T 3730. 1—2001标准中的乘用车对应，涵盖范围相同。N 类载货汽车中，N1

类是指传统意义上的重型货车，N2 类则对应中型和轻型货车，而 N1 类是指小型（或称作微型）货车。N2 类中又细分为低于 6 000kg 的轻型货车和高于 6 000kg 的中型货车。该新标准在制定过程中充分借鉴了发达国家比较成熟的汽车分类体系，同时结合了我国的实际情况，体现了科学、规范、合理的原则，具有非常积极的意义。新标准体系的实施，给汽车工业生产管理和交通部门管理带来了便利，相关统计工作也开始逐渐转变使用新的分类标准。

表 3-2　GB/T 15089—2001 标准中的部分车辆分类

分类	定义	细类	说明
M	至少有四个车轮并且用于载客的机动车辆	M1	W≤9
		M2	W>9 且 T≤5 000kg
		M3	W>9 且 T>5 000kg
N	至少有四个车轮并且用于载货的机动车辆	N1	T≤3 500kg
		N2	3 500kg≤T<12 000kg
		N3	T>12 000kg
O	挂车（包括半挂车）	O1	T≤750kg
		O2	750kg<T≤3 500kg
		O3	3 500kg<T≤10 000kg
		O4	T>10 000kg
G	越野车	G	与 M、N 组合使用

注：W 是指座位数（包括驾驶员座位），T 是指最大设计总质量。

除“两旧两新”标准之外，公安部在 2008 年发布了《机动车登记工作规范》，其中关于车辆注册的规定如下：“车辆类型、使用性质：按照《机动车类型分类表》《机动车使用性质分类表》录入，对于乘坐人数可变的载客汽车，按照乘坐人数的上限确定的车辆类型录入”[6]。这表明公安部交通管理局所依据的汽车分类标准是《机动车类型分类表》，而不是汽车行业制定的上述国家标准。一直以来，交通管理局作为职能部门对我国车辆进行注册、登记和管理，收集和掌握的相关信息较为完整。因此，历年《中国统计年鉴》中对民用汽车部分的统计数据基本上来源于此，统计口径也一直是沿用了公安部的分类标准（见表 3-3），并没有采用上文所提到的汽车工业行业内的“两旧两新”分类标准。但是，比较表 3-2 和表 3-3，发现这两套标准的分类方法差别很大，且缺乏一致性，例如 GB/T 15089—2001 标准中载客汽车分为 M1、M2 和 M3 三类，而公安部《机动车类型分类表》中载客汽车分为大型、中型、小型和微型四类。

表 3-3　公安部《机动车类型分类表》

载客汽车				载货汽车				其他汽车
大型	中型	小型	微型	重型	中型	轻型	微型	
L≥6m 或 W≥20	L<6m 且 9<W<20	L<6m 且 W≤9	L≤3.5m 且 E≤1L	L≥6m 且 T≥12 吨	L≥6m 且 4.5 吨≤T<12 吨	L<6m 且 T<4.5 吨	L≤3.5m 且 T≤1.8 吨	三轮汽车和低速货车

注：1. L 为车长；W 为乘坐人数（包括驾驶员），乘坐人数可变的，以上限确定；E 为发动机排量；T 为总质量。
2. 表中数据摘自参考文献［5］。

我国汽车分类标准不统一，分类方法纷繁复杂，各种统计资料中也出现了“两旧两新”和公安部标准等多达五种统计口径，需仔细辨别，使用起来很不方便。这就为我们进行深入细致的研究工作造成了困难。为了充分利用宝贵的统计资料，同时便于进行国际比较，本书对汽车分类标准稍作调整，对轻型车的范围给出明确界定，供相关研究人员参考。

结合国际通行的汽车分类方法，本书将普通汽车按照车型分为轻型车、货车和客车⊖。《机动车类型分类表》中涉及的其他汽车，包括三轮汽车和低速货车单列为一类。另外，摩托车也自成一类。

轻型车这一概念虽然在国际上已经得到广泛应用，但是在我国是最近几年才出现的。目前唯一对轻型车的概念做出明确定义的是 GB 18352.3—2005《轻型汽车污染物排放限值及测量方法》[7]。根据该标准，我国轻型车是指最大总质量不超过 3 500kg 的 M1 类、M2 类和 N1 类汽车，其中 M1、M2 和 N1 类车辆定义按 GB/T 15089—2001《机动车辆及挂车分类》规定（见表 3-2）。因此，轻型车可以解释为最大总质量等于或低于 3 500kg 的载客汽车和载货汽车。由于这一概念在我国出现的时间较短，汽车工业统计体系中并没有将其列入统计条目，无法直接获得轻型车的相关数据。另外，虽然 GB/T 15089—2001 标准已经实施多年，但是统计数据采用新标准需要经历一段过渡时期，目前可获得符合新标准分类的统计资料十分有限，间接获得轻型车历史数据也比较困难。为了解决这一难题，尽可能利用现有统计资料，可以将我国轻型车的范围调整为按照公安部交通管理局《机动车类型分类表》中定义的小型客车、微型客车、轻型货车和微型货车。调整后，

⊖ 这里的货车是指公安部《机动车类型分类表》里提到的中型和重型货车，客车是指该表中定义的乘坐人数超过九人的中型和大型客车。

轻型车的历史数据很容易根据现有的行业统计年鉴得到。如表3-4所示，调整后的轻型车概念与调整之前相比内涵相同，外延稍有扩大。因为轻型载货汽车的规定是总质量不超过4 500kg，比轻型车严格定义的3 500kg稍有扩展。

表3-4 轻型车范围调整前后比较

GB 18352.3—2005《轻型汽车污染物排放限值及测量方法》定义的轻型车	本书定义的轻型车			
	载客汽车		载货汽车	
	小型	微型	轻型	微型
1）W≤9且T≤3 500kg，用于载客车辆（M1类） 2）W>9且T≤3 500kg，用于载客车辆（M2类） 3）T≤3 500kg，用于载客车辆（N1类）	L<6m 且 W≤9	L≤3.5m 且 E≤1l	L<6m 且 T<4 500kg	L≤3.5m 且 T≤1 800kg

注：L为车长；W为乘坐人数（包括驾驶员），乘坐人数可变的，以上限确定；E为发动机排量；T为总质量。

国际上对于轻型车的定义，不同的国家和地区有不同的描述方法⊖。欧洲国家一般认为，轻型车主要是指用于私人运输的四轮汽车，包括乘用车、运动型多功能汽车，小型客货车（Minivan，不超过八座）和私人皮卡货车[8]。美国则认为轻型车一般是指乘用车和轻型卡车，包括小型客货车，运动型多功能汽车（SUV）和最大总质量低于8 500磅（相当于3 855.54kg）的货车（Truck，或Light-duty Truck）[9]。由此可见，本书调整后的轻型车概念与其他国家对轻型车定义的范围差别不大，内涵基本一致，具有一定的可比性。

第二节 中国交通部门CO_2排放量估算

根据上一节对我国汽车分类的调整，将我国交通部门进一步细分为公路（轻型车、客车、货车、其他汽车、摩托车），铁路，民航，水运和管道部门。本节将按照这一分类介绍如何对各部门化石燃料产生的CO_2排放量进行估算。交通部门CO_2的直接排放来源于交通能源消费，即燃料燃烧包括石油制品类（如汽油、柴油、煤油、燃料油和液化石油气），天然气，电力等。从生命周期的角度看，这些

⊖ 本段所提及的轻型车（LDV）、乘用车（Car）、运动型多功能汽车（SUV）、小型客货车（Minivan）、皮卡货车（Pick-up）、货车（Truck），虽然名称相同，但是所定义的范围在不同的国家和地区是不同的。

燃料在上游的原材料开采、燃料生产、燃料运输和储存等转换及加工过程中，必然需要消耗额外的能源，间接引起 CO_2 排放，这部分排放应该归因于最终用能部门。因此，本书首先对各个交通部门直接产生的 CO_2 排放量进行估算，然后对各个交通部门间接产生的 CO_2 排放量进行推算，从而得到生命周期意义下的 CO_2 排放量。这项计算工作严重依赖于统计资料的完备，需要大量细致、可靠的数据。鉴于目前我国公开发布的统计资料中比较缺乏所需数据，因此在尽量利用可获得数据的基础上，必须采取适当的假设和推断。这些假设及推断严重依赖于对交通用能和碳排放问题的深入理解，以及从广泛的文献调研和细枝末节的数据和信息中做出合理推断的能力。随着我国交通部门、能源部门相关统计制度和体系的完善，这项研究工作将在准确度与深度方面得以改进和完善。

一、单个交通部门 CO_2 直接排放量估算

第二章第四节介绍了碳排放估算的两种方法。第一种自顶向下的 IPCC 排放清单法基于燃料分类，方法简单，易于操作，适用于宏观估算；第二种自底向上的部门排放估算法基于车辆技术与燃料特性，比较精确，但是操作复杂、工作量大，适用于具体技术路径的研究。在本书中，将分别采用两种计算方法进行举例说明，以体现这两种方法各自的特点和对不同研究问题的适用性。本章采用第一种 IPCC 排放清单法对交通部门的碳排放进行估算，并结合 WTW 分析法，得出交通部门生命周期碳排放量；第四章采用第二种基于技术分类的碳排放估算法对交通部门具体技术路径进行分析。

本节利用第一种计算方法估算我国各个交通部门排放的操作步骤如下：

第一步，估计单个交通部门各种燃料的表观消费量；

第二步，将各种燃料的表观消费量折算成统一能量单位；

第三步，根据燃料特性估算燃料的含碳量；

第四步，计算实际碳排放量，并转换为 CO_2 排放量。

（一）估计单个交通部门各种燃料的表观消费量

目前，《中国统计年鉴》《中国能源统计年鉴》《中国交通年鉴》等公开统计资料中都没有这方面的直接数据。于是，退而求其次，先考虑整体交通部门分品

种的燃料表观消费量，然后将各品种燃料根据实际应用情况分配到单个交通部门，进而对各个交通部门进行 CO_2 排放量估算。

本书采用了王庆一编著的《中国可持续能源项目参考资料 2010 能源数据》中的"表 86中国分品种交通运输能源消费量"[10]，作为整体交通部门分品种的燃料表观消费量（见表 3-5）。

表 3-5 分品种交通运输能源消费量

	2008 年
石油制品/万吨	
其中：汽油	5 815
柴油	8 187
煤油	1 175
燃料油	1 320
液化石油气	57
电力/亿 kWh	476. 7
天然气/亿 m^3	32. 7

需要说明的是，"表 86"的原始数据来源于国家统计局和其他部门㊀，但是王庆一对原始数据进行了深入分析和处理，使"表 86"真实地反映了一般意义上（而不是统计意义上）的交通部门所消费的全部化石能源。这是因为，一直以来我国的统计口径是依行业划分的，在统计交通部门的能源消费情况时，实际上是指以营运为目的的交通运输部门[11]，并没有覆盖所有的交通工具，例如私人交通、企业自用车辆等。这部分"遗漏"的交通活动被计入了其他行业，如私人交通大部分归入了居民生活和消费部门的统计中，工业、建筑业等部门的自用车辆计入了第二产业的相应部门中。随着我国道路和交通的蓬勃发展，私人车辆和企业车辆都进入了迅速增长时期，在交通活动中也开始扮演越来越重要的角色，是我们研究过程中不可忽视的重要组成部分。所以，在研究我国交通部门能源消费和排放情况时，既要包括以营运为目的的交通运输业，又要涵盖迅速增长的私人交通和分布于其他行业的交通活动。对研究对象做出清晰的界定，避免以偏概全，才能得出有意义的结论。"表 86"初步解决了统计口径划分与使用中存在的矛盾问题。

为了考察交通部门能源消费量在全国终端能源消费量中的比重，需要将不同

㊀ "表 86"注释如下，"来源：国家统计局，中国能源统计年鉴 2010；中国电力企业联合会，分行业用电量，2009；国家发改委综合运输研究所，2009；中国汽车技术研究中心，2010；中国石油和化工经济数据快报，2010-02-05；郭一凡、龚双全、王海博，中国成品油市场 2009 年回顾与 2010 年展望，《国际石油经济》，2010，No. 3，21 ~ 26；韦健、孔劲媛、刘新平，中国燃料油市场 2009 年回顾与 2010 年展望，《国际石油经济》，2010，No. 3，27 ~ 31；付斌，中国船供油市场现状及前景，《国际石油经济》，2009，No. 12，23 ~ 27；新浪汽车网，2010-09-08；息旺能源，2009-08-03"。

品种的交通用能折算成统一单位，即千克标准煤[㊀]。能源折标准煤的参考系数见表 3-6。计算得到，2008 年全国终端能源消费总量[㊁]为 234 674 万 tce[㊂]。其中，交通部门能源消费量为 25 219 万 tce，占 10.7%。

表 3-6　能源折标准煤的参考系数

能源品种	折标系数	能源品种	折标系数
汽油	1.471 4kgce/kg	液化石油气	1.714 3kgce/kg
柴油	1.457 1kgce/kg	电力	0.122 9kgce/kWh
煤油	1.471 4kgce/kg	天然气	1.330 0kgce/m³
燃料油	1.428 6kgce/kg		

将交通用能分解到单个交通部门。为了计算单个交通部门的 CO_2 排放量，首先将各品种燃料分配到单个交通部门。这就需要对不同交通燃料在中国的应用范围加以研究。本书根据对每个部门交通工具技术和耗能情况的调研，建立了燃料和交通部门的对应关系，如图 3-2 所示。

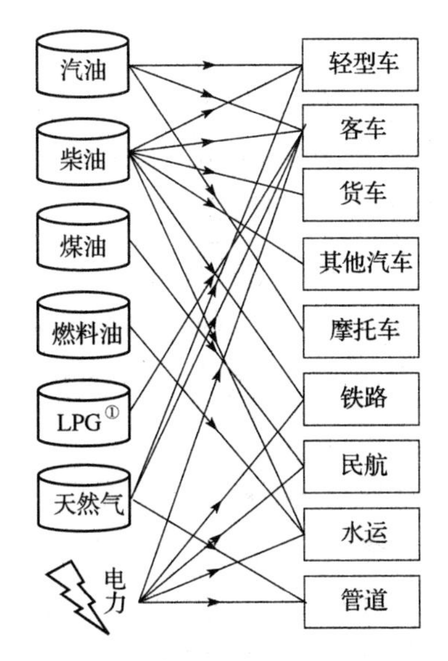

图 3-2　分品种交通燃料的应用部门

① LPG 指液化石油气。

各品种燃料的表观消费量在终端用能部门之间的分布情况，是计算中的关键参数。但是，我国现有能源统计资料中缺少对燃料最终流向的详细统计工作，基本没有可供参考的依据。因此，需要根据对单个交通部门用能结构的调查和研究，对燃料流向进行分析和计算，并做出适当假设（见图 3-2）。

管道用于运输油品和天然气，油品包括原油和成品油，且原油超过 90%。管道运输消耗的能源主要是电力和天然气。“表 86” 给出 2008 年管道消耗电力 25.6 亿 kWh，占全部用电量的 5.4%。中国石化集团管道储运分公司数据表明，完成 1 万吨千米周转量消耗天然气 6.35kgce。2008 年全国管道运输完成周转量 1 944 亿吨

㊀ kilogram coal equivalent，kgce。

㊁ 该数值是按照电热当量法计算的，是 2014 年能源统计数据调整以后的更新值。

㊂ tce 即 ton of standard coal equivalent，吨标准煤当量。

千米，则天然气消费量为12.34万tce，占交通部门天然气消费量的2.8%。

航空煤油是民航飞机的主要燃料，其他交通部门现在已经很少使用煤油。航油消耗占民航全行业能耗的94%，机场能耗约占3%，航空公司地面服务能耗约占2%，民航其他单位的能耗比重不到1%[12]。因此，2008年民航全行业能源消费量为1 839.25万tce。飞机在地面停靠时仍需要辅助动力装置供应电力和压缩空气，如果用地面电源车和车载空调或用桥载电源和空调替代，则会明显减少航油的使用，所以飞机在地面时消耗的电力应计入燃料消费总量。假设这部分电力约为全行业能耗的3%，即44.9亿kWh，则民航电力消费占交通部门电力消费的9.4%。

铁路使用内燃机车和电力机车，分别以柴油和电力为能源。根据铁道科学研究院何吉成计算，2007年内燃机车消费柴油共计518万吨[13]。假设2008年该消费量保持不变，则铁路部门柴油消费量占当年交通部门柴油消费总量的6.3%。“表86”给出2008年铁路消耗的电力为271.3亿kWh，约占交通部门电力总消费量的56.9%。

水运部门能源消费主要有燃料油、柴油和电力。据计算，2005年营运船舶燃料消耗为1 356.4万吨，非营运船舶为743.6万吨，预计2010年营运船舶燃料消费量约为1 460万吨。假设营运和非营运船舶的年均增长速度相同，利用线性插值法得出2008年营运和非营运船舶的燃料消费量分别为1 418.6万吨和777.7万吨，共计2 196.3万吨。“表86”给出燃料油1 320万吨，则柴油约为876万吨，约占交通部门柴油消费总量的10.7%。

电力用于铁路、管道、公共交通、民航和水运。“表86”给出2008年铁路、管道和公共交通消费的电力分别为271.3亿kWh、25.6亿kWh和31.9亿kWh，则分别约占56.9%、5.4%和6.7%。上文计算得到民航消费电力44.9亿kWh，约占9.4%。因此，剩余21.6%的电力由水运部门消耗。

公路部门由轻型车、客车、货车、其他汽车和摩托车组成，消费的燃料品种较多，有汽油、柴油、液化石油气、电力和天然气。“表86”给出农用三轮汽车和低速货车分别消费柴油440万吨和411万吨，总计851万吨，占交通部门柴油总消费量的10.4%。“表86”给出摩托车汽油消费量为180万吨，占交通部门汽油总消费量的3.1%。液化石油气主要用于公交车，属于客车部门。

汽油主要用于轻型车和客车，货车较少采用汽油发动机，在计算中不考虑。据计算，2008年轻型车汽油消费量为2 982.2万吨，则轻型车占当年交通部门汽油总消费量的 51.3%，则剩余 45.6% 由客车部门消耗。

柴油的应用范围为轻型车、客车、货车、其他汽车、铁路和水运。上文计算得到其他汽车、铁路和水运的柴油消费量分别占 10.4%、6.3% 和 10.7%，则剩余的 72.6% 由轻型车、客车和货车部门消耗。目前柴油类型的轻型车约占轻型车总量的 21.3%。计算得到 2008 年轻型车柴油消费量为 508.6 万吨，约占 6.2%。根据《中国统计年鉴》，2008 年货车保有量为 450.57 万辆⊖。据调研和估计，货车年均行驶里程约为 30 000km，燃料经济性约为 30L/100km，则柴油消费量约为 3 406.3万吨，占 41.6%。剩余 24.8% 由客车部门消耗。

天然气在我国交通部门中，主要应用形式是公交车和出租车，分别归入客车部门和轻型车部门。2006 年年末，全国以天然气作为燃料的公交车保有量是 38 716 辆[14]。根据统计资料，我国天然气汽车保有量总数约为 450 000 辆[15]，由此可知，以天然气为燃料的出租车数量约为 411 284 辆。假设公交车和出租车的年均行驶里程分别为 30 000km 和 90 000km。汽油客车的燃料经济性约为 28.5L/100km，汽油出租车的燃料经济性约为 11.0L/100km，两者之比约为 2.6:1。假设以天然气为燃料的公交车与出租车的燃料经济性之比等于以汽油为燃料的公交车和出租车的燃料经济性之比。那么，天然气公交车和出租车燃料消耗之比约为 1:12.3，由此估算得出客车和轻型车部门分别消耗了交通部门天然气总消费量的 7.3% 和 89.9%。

综上所述，分品种能源在各交通部门之间的分配比例如表 3-7 所示：

表 3-7　分品种能源在各交通部门之间的分配比例　（%）

	轻型车	客车	货车	其他汽车	摩托车	铁路	航空	水运	管道
石油制品									
汽油	51.3	45.6			3.1				
柴油	6.2	24.8	41.6	10.4		6.3		10.7	
煤油							100		
燃料油								100	
液化石油气		100							
电力		6.7				56.9	9.4	21.6	5.4
天然气	89.9	7.3							2.8

由表 3-5 和表 3-7 计算得出单个交通部门分品种能源的表观消费量（见表 3-8）。

⊖ 2008 年重型和中型载货汽车分别为 200.84 万辆和 249.73 万辆，则货车共计 450.57 万辆。

表 3-8 单个交通部门的分品种能源消费量（实物量）

	轻型车	客车	货车	其他汽车	摩托车	铁路	航空	水运	管道
石油制品/万吨									
汽油	2 982	2 652			180				
柴油	508	2 026	3 406	851		518		876	
煤油							1175		
燃料油								1 320	
液化石油气		57							
电力/亿 kWh		31.9				271.3	44.9	103.0	25.6
天然气/亿 m^3	29.4	2.4							0.9

（二）将各种燃料的表观消费量折算成统一能量单位

各种燃料的平均低位发热量取值为：汽油 43 070kJ/kg，柴油 42 652kJ/kg，煤油 43 070kJ/kg，燃料油 41 816kJ/kg，液化石油气为 50 179kJ/kg，电力 3 596kJ/kWh，天然气约为 38 931kJ/m^3。

计算结果汇总如表 3-9 所示，能源消费结构如图 3-3 所示。在我国交通能源使用中道路部门是能源消费大户，占总能源消费量的 75.4%。其中，货车、轻型车和客车能源消费最多，分别占 28%、22% 和 20%。管道部门消耗能源最少，仅占 0.2%。其他交通部门消耗的能源规模从多至少分别为水运、航空、铁路。

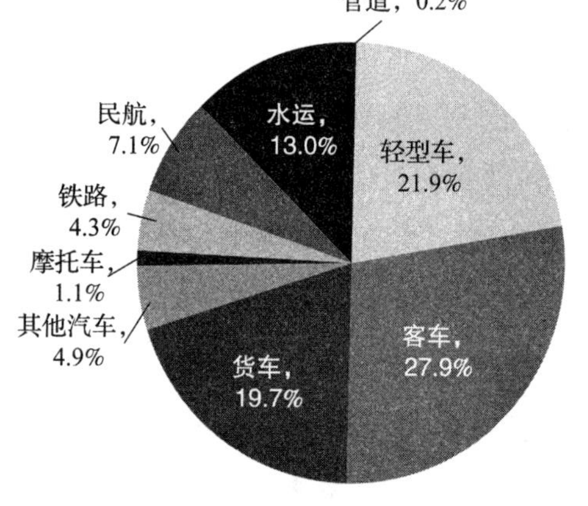

图 3-3 交通部门能源消费结构（能量单位）

注：因四舍五入的原因，数据加总非 100%。

表 3-9 单个交通部门的分品种能源消费量（能量单位）

	轻型车	客车	货车	其他汽车	摩托车	铁路	航空	水运	管道
石油制品/TJ									
汽油	1 284 414	1 142 544			77 525				
柴油	216 903	864 488	1 452 817	362 958		220 931		373 722	
煤油							506 065		
燃料油								551 978	
液化石油气		28 602							
电力/TJ		11 476				97 598	16 151	37 055	9 209
天然气/TJ	114 391	9 300							3 612

（三）根据燃料特性估算燃料的含碳量

含碳量计算方法如式（3-1）所示，其中燃料的排放因子是计算中的重要参数。排放因子由燃料中碳的潜在排放因子和氧化率决定，计算公式如式（3-2）所示。碳的潜在排放因子与氧化率数值根据《IPCC 指南》和《中国气候变化国别研究》[16]确定，如表 3-10 所示。

表 3-10 燃料的碳潜在排放因子和氧化率取值

	汽油	柴油	煤油	燃料油	液化石油气	电力	天然气
ef/t-C/tJ	18.90	20.20	19.50	21.10	17.2	0	15.30
O	0.98	0.98	0.98	0.98	0.98	0	0.99

$$燃料含碳量_j = 燃料消费量_j \times 排放因子_j \tag{3-1}$$

$$Carbon_j = ef_j \times o_j \tag{3-2}$$

式中，j 表示燃料种类，$Carbon$ 表示排放因子，ef 表示燃料中的碳的潜在排放因子，o 表示氧化率。

计算得出各交通部门消耗的不同品种燃料的含碳量，结果如表 3-11 所示。

表 3-11 交通部门消耗燃料的含碳量

	轻型车	客车	货车	其他汽车	摩托车	铁路	航空	水运	管道
石油制品/万吨									
汽油	2 379	2 116			144				
柴油	429	1 711	2 876	719		437		740	
煤油							967		
燃料油								1 141	
液化石油气		48							
电力/万吨									
天然气/万吨	173	14							5

（四）计算实际碳排放量，并转换为 CO_2 排放量

净碳排放量是燃料总含碳量与固碳量之差。固碳量是指能够长期固定在产品中的碳量，由固碳产品的产量、单位产品的含碳率和固碳率决定。本书涉及的能源只用于作为最终消费部门的交通部门，因此固碳量为零，净碳排放量与燃料总含碳量相等（见表 3-11）。由于碳排放在大气中主要以 CO_2 形式存在，将净碳排放

量转换为 CO_2 排放量，结果如表 3-12 所示。碳的原子量为 12，CO_2 分子量为 44。

表 3-12 各交通部门分品种燃料的 CO_2 直接排放量

	轻型车	客车	货车	其他汽车	摩托车	铁路	航空	水运	管道
石油制品/万吨									
汽油	8 723	7 759			527				
柴油	1 574	6 275	10 545	2 635		1 604		2 713	
煤油							3 546		
燃料油								4 185	
液化石油气		177							
电力/万吨									
天然气/万吨	635	52							20
总计/万吨	10 933	14 263	10 545	2 635	527	1 604	3 546	6 898	20

结果表明，2008 年中国交通部门使用能源产生的直接 CO_2 排放总量为 50 969万吨，排放结构如图 3-4 所示。值得注意的是铁路部门，排放量仅有 1 604万吨，占 3.15%。这是因为铁路电气化已经取得了显著的效果，电气化线路里程已达到总营业里程的四成左右。电力在使用阶段不产生 CO_2 排放，因此铁路部门的排放量大幅降低。管道部门以电力消费为主，因此直接排放也较少。

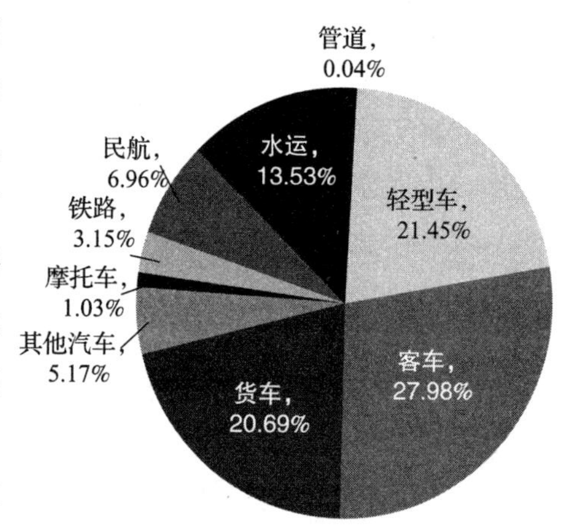

图 3-4 交通部门 CO_2 排放结构（直接排放）

二、单个交通部门 CO_2 生命周期排放量估算

单个交通部门 CO_2 生命周期排放量包括两部分，上游阶段间接排放（Well-to-Tank，WTT）和下游阶段直接排放（Tank-to-Wheel，TTW）。下游阶段直接排放就是燃料在使用阶段产生的直接 CO_2 排放，在上一小节中已经给出计算方法和结论。本小节将计算单个交通部门消费的分品种燃料在上游阶段间接产生的 CO_2 排放和全生命周期排放。

根据张阿玲、申威等以 2005 年中国数据库为基础的 GREET 模型对我国车用燃料生命周期能源和排放的研究结果[17]，本书选取部分燃料上游阶段的排放系数作为计算间接 CO_2 排放量的基础。93#汽油和 97#汽油上游阶段排放系数分别为 19.9g/MJ 和 21.6g/MJ，本书取平均值 20.8g/MJ。0#柴油上游阶段排放系数为 17.1g/MJ。液化石油气上游阶段排放系数为 12.3g/MJ。这份研究中没有涉及煤油和燃料油路线，由于这两种燃料与汽油和柴油同属于石油制品，生产工艺流程类似，流通渠道比较相近，故本书取汽油和柴油的上游阶段排放系数的平均值，即 18.9g/MJ。电力生产的上游阶段排放系数为 237.4g/MJ。天然气的上游阶段排放系数取压缩天然气平均值 18.2g/MJ。

根据表 3-9 可知单个交通部门实际消费的分品种能源数量，与上游阶段 CO_2 排放系数相乘得出燃料生产和运输过程中产生的间接 CO_2 排放量，计算结果如表 3-13所示。

表 3-13　交通部门 CO_2 间接排放量

	轻型车	客车	货车	其他汽车	摩托车	铁路	航空	水运	管道
石油制品/万吨									
汽油	2 665	2 371			161				
柴油	371	1 478	2 484	621		378		639	
煤油							958		
燃料油								1 045	
液化石油气		35							
电力/万吨		272				2 317	383	880	219
天然气/万吨	208	17							7
总计/万吨	3 244	4 174	2 484	621	161	2 695	1 341	2 563	225

结果表明，我国交通部门 2008 年燃料消费产生的间接 CO_2 排放量为 17 508 万吨，是直接排放量的 34.3%。上游阶段排放在单个交通部门之间的分布情况如图 3-5所示。其中，客车部门的间接排放量最多，超过 1/5；轻型车、货车、铁路和水运部门产生的间接排放量也较多，均超过 1/7。道路部门总计占所有交通部门间接排放量的61.0%，比道路部门直接排放量占总排放量的比例低 15.3%。值得注意的是铁路和管道部门使用电力带来的排放量变化。铁路间接排放量 2 695 万吨，是直接排放量的 1.7 倍，所占比例由 3% 上升至 15%。管道间接排放量 255 万吨，是直接排放量的 12.8 倍。

交通部门能源消费的生命周期排放量等于燃料使用过程中产生的直接排放量

与燃料上游阶段产生的间接排放量两者之和。本书对单个交通部门的生命周期排放量进行了计算，结果如表3-14所示。由此可知，2008年我国交通部门能源消费产生的生命周期排放总量为68 477万吨，直接排放量占74%，间接排放量占26%。生命周期排放量在单个交通部门之间的分布情况如图3-6所示。道路是我国交通部门排放的第一大户，占总排放量的72.4%。其中，客车、轻型车和货车是道路排放的主力，合计占交通总排放量的66.7%，其次是水运、民航、铁路和管道。

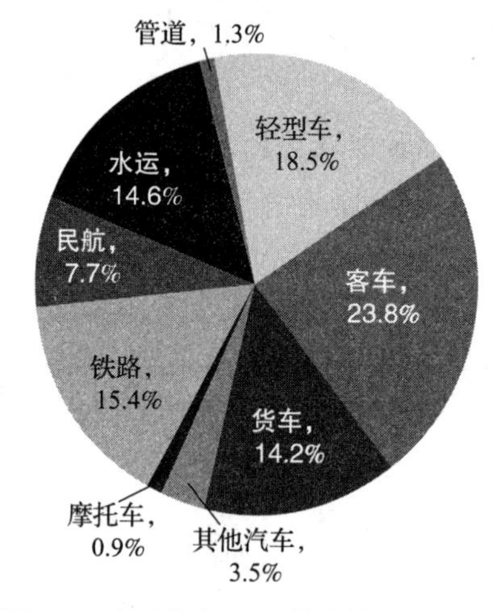

图3-5 交通部门 CO_2 排放结构（间接排放量）

注：因四舍五入的原因，数据加总非100%。

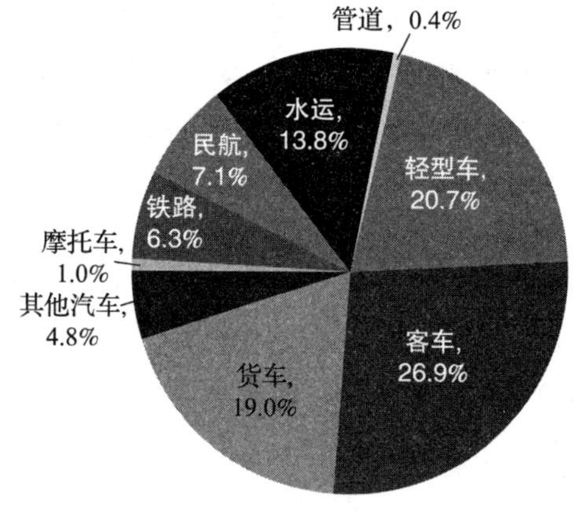

图3-6 交通部门 CO_2 排放结构（生命周期排放量）

表3-14 交通部门 CO_2 生命周期排放量

	轻型车	客车	货车	其他汽车	摩托车	铁路	航空	水运	管道
石油制品/万吨									
汽油	11 388	10 130			687				
柴油	1 945	7 753	13 030	3 255		1 981		3 352	
煤油							4 504		
燃料油								5 230	
液化石油气		212							
电力/万吨		272				2 317	383	880	219
天然气/万吨	843	69							27
总计/万吨	14 176	18 436	13 030	3 255	687	4 298	4 887	9 461	245

分析单个交通部门生命周期的 CO_2 排放量构成（见图3-7）。铁路和管道部门

上游阶段的间接排放是生命周期排放的主要部分，分别占 62.7% 和 91.8%。其他交通部门下游阶段的直接排放是生命周期排放的主要部分，间接排放是次要部分。各个道路部门间接排放量约占生命周期排放量的 20%，民航和水运部门分别为 27.4% 和 27.1%。间接排放与电力的使用密切相关，因为我国电力生产主要采用煤炭，从而导致了大量的 CO_2 排放。计算交通排放时，如果只关注燃料下游阶段产生的直接排放，那么将遗漏相当于直接排放量 35% 的 CO_2 数量。对于以间接排放为主的铁路和管道部门，则会使我们对其排放状况认识不清，低估其排放作用。

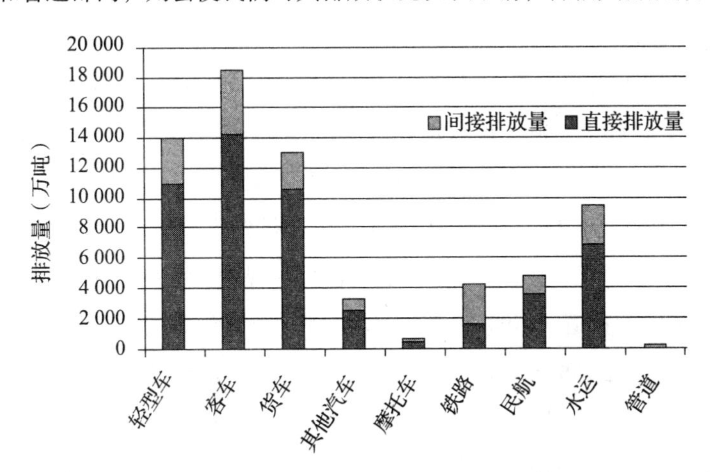

图 3-7　各个交通部门 CO_2 排放量比较

第三节　交通部门 CO_2 排放份额的计算与国际比较

交通、工业和建筑是各国化石燃料造成 CO_2 排放的三大部门。应对全球气候变化，控制温室气体浓度，减少 CO_2 排放，应该从这三个部门的节能减排着手。由于不同国家的社会发展阶段不同，产业结构差异较大，能源消费结构各异，因而 CO_2 排放在部门之间的分布存在很大区别。本节将对我国交通部门排放比重进行测算，然后与其他国家的情况进行比较，分析出现差别的主要原因，并对未来我国交通部门 CO_2 排放的发展趋势给出判断。

一、交通部门 CO_2 排放份额计算

在第三章第二节中，根据《IPCC 指南》提供的基于燃料分类的计算方法，对

我国交通部门中的单个部门分品种能源消费产生的排放分别进行了估算，得到2008年我国交通部门因化石燃料燃烧产生的直接排放总量是50 969万吨，生命周期排放总量是68 477万吨，并给出了排放结构。在此基础上，本节进一步测算交通部门的排放在整个国民经济部门的总排放量中的份额。

关于我国化石燃料产生的CO_2排放总量的计算，国内外已有一些研究结果。《中国气候变化国别研究》进行了我国温室气体排放清单的初步编制工作，采用了《IPCC指南》推荐的基于燃料的计算方法。燃料碳潜在排放因子的设定除了煤炭之外均采用了《IPCC指南》推荐的缺省值。因为我国某些煤的品种和品质与国外差异较大，不宜采用缺省值，所以该研究根据我国的实际情况设定了新的数值。计算结果表明我国1990年CO_2实际排放总量是2 051.7百万吨，其中液体矿物燃料部分占13.8%，固体矿物燃料占84.6%，气体矿物燃料（天然气）占1.6%。可见，以煤炭为代表的固体燃料是我国主要的CO_2排放源。

2007年出版的《气候变化国家评估报告》中提到，根据《中国气候变化初始国家信息通报》的报道，1994年我国CO_2净排放量是2 666百万吨。其中能源活动导致的CO_2排放为2 795百万吨，主要是由于化石燃料的使用引起的[18]。

除了国内对该问题的研究，很多国际组织也对我国的温室气体排放情况进行了大量的调查工作。“联合国千年发展目标指标”（United Nations Millennium Development Goals Indicators）对世界各国从1990～2007年的CO_2排放量进行了统计，其中我国2006年和2007年的CO_2排放总量分别为6 113百万吨和6 538百万吨[19]。

美国能源部能源信息署对世界各国在1980～2006年间由于化石燃料使用引起的CO_2排放量进行了统计，其中我国2006年的CO_2排放总量为6 018百万吨[20]，比联合国的数据低1.6%。

国际能源署对世界各国自1971年以来的CO_2排放用部门法进行了统计[21]。其中我国2006年的CO_2排放总量为5 604百万吨，比联合国的数据低8.3%，比美国能源部能源信息署的统计低6.9%。我国2007年的CO_2排放总量为6 028百万吨，比联合国的数据低7.8%。

日本能源经济研究所（The Institute of Energy & Economics Japan，IEEJ）很早就开始对世界各国CO_2的排放情况进行调查。历年《能源经济统计手册》（EDMC Handbook of Energy & Economic Statistics in Japan）中有各国自1970年以来的CO_2排

放总量、人均排放量和单位产值排放量数据[22]。其中我国2000年的 CO_2 排放总量为3 227百万吨，比联合国的数据低5.2%，比美国能源部能源信息署和国际能源署的统计分别高8.8%和6.2%。我国2005年的 CO_2 排放总量为5 082百万吨，比联合国和美国能源部能源信息署的统计数据分别低9.5%和6.4%，比国际能源署的数据高0.5%。

国外研究机构对我国 CO_2 历史排放量的计算结果基本一致，误差在10%以内。但是，比较国内外研究机构对我国1990年和1995年 CO_2 排放量的测算，发现国外的研究结果普遍高于国内的研究结果，且误差较大，大部分在10%以上。由于我国统计体系与国外有较大差异，统计资料的公开程度比较有限，国内研究机构掌握的数据可靠性更高，因此，国外研究机构对我国 CO_2 排放量的估计可能偏高。

自1990年以来我国 CO_2 排放量基本上呈逐年增加的趋势（见图3-8），1990～1997年的增速较慢，平均年增长率只有5.0%左右（联合国数据计算得出）。1997年后由于受经济危机的影响，CO_2 总排放量保持平稳，且略有回落。2000年之后随着国民经济逐渐恢复，我国进入了新一轮快速增长时期，能源需求大幅度增加，CO_2 总排放量也开始显著增加，年均增长速度达到了9.7%（联合国数据计算得出）。至2007年我国 CO_2 排放总量已经较1990年增长了约两倍。

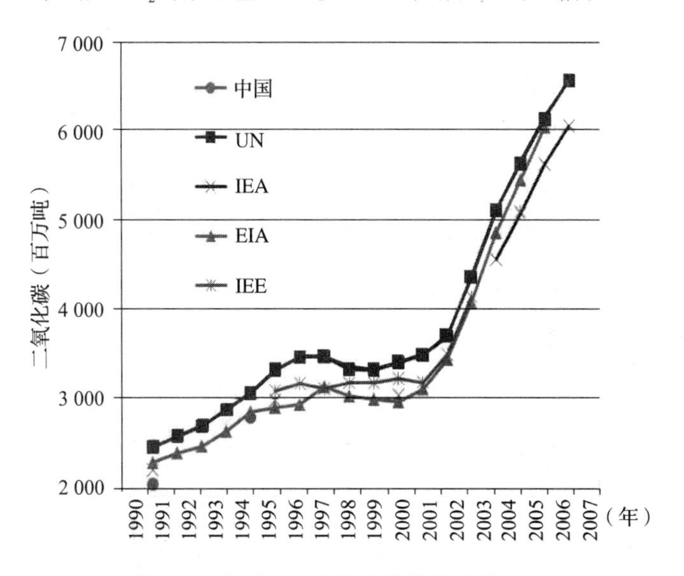

图3-8　我国 CO_2 排放总量估算结果对比

根据以上分析，为得到较为准确的计算结果，本书选取对我国 CO_2 排放量进行测算的现有研究结果的平均值，作为进一步计算交通部门 CO_2 排放份额的基础，即2007年我国由于化石燃料使用引起的 CO_2 排放总量为628 300万吨。根据上一节的计算结果，我国交通部门由于燃料使用引起的 CO_2 直接排放量和生命周期排放量分别为50 969万吨和68 477万吨。因此，交通部门 CO_2 的直接排放和生命周期排放分别占全国 CO_2 排放总量的8.1%和10.9%。

国外研究机构对我国化石燃料使用产生的 CO_2 排放在部门之间的分布情况有一些研究结果。根据麦肯锡咨询公司的研究[23]，2005年交通部门 CO_2 排放占我国所有部门 CO_2 排放总量的8%（见图3-9），与本书的计算结果8.1%接近。

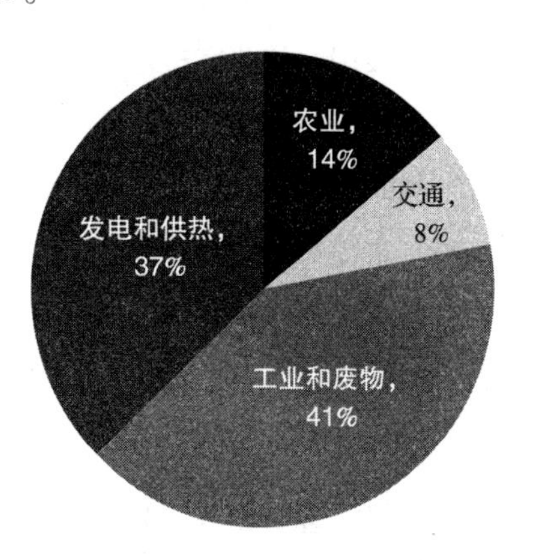

图3-9 中国 CO_2 排放结构（麦肯锡）

根据《中国能源统计年鉴》更新后的数据，2008年全国能源消费总量为306 455万tce，则单位能源（以tce表示）产生的 CO_2 排放量为2.05吨。根据上一节计算，当年我国交通部门能源消费总量为25 219万tce。如果以交通部门的直接排放量计算，得出交通部门单位能源使用造成的排放量为2.02吨，略低于全国平均水平1.4%。如果以交通部门的生命周期排放量计算，得出交通部门单位能源使用造成的排放量为2.72吨，高出全国平均水平32.4%，与上面的结果截然相反。那么，我们究竟应该如何看待这个问题？从表面上看，交通部门单位能源使用造成的排放略低于全国平均水平，那么是否应该据此进行产业部门调整，鼓励交通部门的能源使用以期达到减少全国总排放量的目的呢？答案无疑是否定的。因为，交通部门是能源的最终消费部门，事实上正是交通部门的终端能源需求间接导致了整个产业链上的能源需求和 CO_2 排放，引起了石化和电力等能源转换部门的大量 CO_2 排放。所以，在对能源结构和 CO_2 排放进行研究时，不能单独强调交通部门内部的技术改革，有必要站在全局的角度，从产业链的视角去审视各种减排路径对全国整体 CO_2 排放的影响。

二、交通部门 CO_2 排放份额国际比较

为了认清我国交通部门 CO_2 排放的现状和发展趋势，本节将对不同国家和地区交通部门 CO_2 排放情况进行横向比较与分析。2004 年，世界上化石燃料燃烧产生 CO_2 排放量最多的国家依次是中国、美国和欧盟，各占全球 CO_2 排放总量的 20% 左右[24]。如图 3-10 所示，交通部门在美国和欧盟的 CO_2 总排放量中分别占 33% 和 26%[24]，远远高于我国交通部门在总排放中的比例（此处取以直接排放量计算的结果 8.1%），主要原因是美国和欧盟国家的交通部门发展较早、规模和影响较大。例如，美国和欧洲的汽车普及已经达到了非常高的水平，美国千人汽车保有量约为 800 辆，欧盟千人汽车保有量也超过了 500 辆，而 2015 年我国民用汽车保有水平只有每千人 120 辆左右。近些年，私人汽车保有量急剧增加，民航运输发展较快，高速铁路也进入蓬勃发展时期，这预示着我国交通部门的能源需求和 CO_2 排放都将迎来更加迅速的增长阶段。根据发达国家的经验，预计随着我国交通部门的发展、能源消费规模的扩大，交通部门 CO_2 排放份额会逐渐增加，有可能接近发达国家 20% ~30% 的高水平。

在不同国家交通部门内部，CO_2 排放的分布情况各有异同。相同点是，公路是交通部门 CO_2 排放的主力军，民航和水运次之，铁路排放最少。中国、美国和欧盟的公路排放分别占交通部门总排放的 76%、81% 和 93%，是主要部分。但是，在道路部门中，各个国家的情况差异较大。美国和欧盟的轻型车是道路部门中的第一排放大户，其排放量分别占道路总排放量的 74% 和 71%；其次是货车，所占比例分别为 25% 和 26%；客车排放量的份额非常小，分别只有 1% 和 3%。然而，在我国道路部门中，客车和货车是排放大户，其排放量分别占道路总排放量的 37% 和 36%，排放总和接近 3/4，轻型车排放只占道路部门总排放量的 29%。究其原因，是各国道路交通部门发展阶段的不同造成的。在美国和欧盟等发达国家，道路交通发展水平高，私家车已经得到广泛应用甚至趋于饱和，因此私人拥有的轻型车占主要部分，并且很大程度上替代了公共交通，使得客运部门逐渐萎缩。我国目前尚处在私家车快速发展的前期，大部分居民仍需要依靠公共交通出行，因此客运部门所占比例较大。未来随着私人汽车的迅速普及，轻型车保有量将会大幅增加，其排放比例也会快速升高。

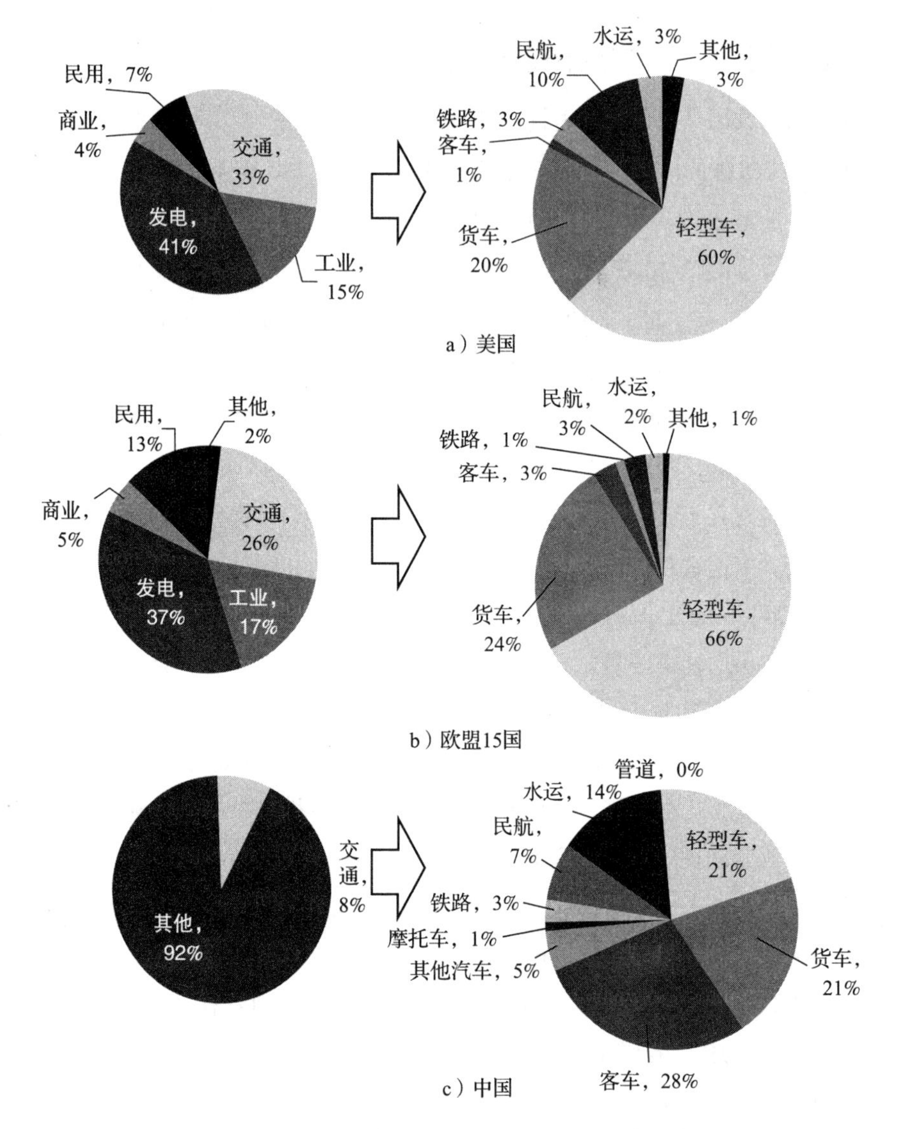

图 3-10　2004 年各国化石燃料 CO_2 排放结构比较

参考文献

［1］国家标准化管理委员会．GB/T 3730．1—1988 汽车和半挂车的术语及定义车辆类型［S］．北京：中国标准出版社，1988.

[2] 国家标准化管理委员会．GB/T 9417—1988 汽车产品型号编制规则[S]．北京：中国标准出版社，1988.

[3] 国家标准化管理委员会．GB/T 3730. 1—2001 汽车和挂车类型的术语及定义[S]．北京：中国标准出版社，2001.

[4] 国家标准化管理委员会．GB/T 15089—2001 机动车辆及挂车分类[S]．北京：中国标准出版社，2001.

[5] 中华人民共和国公安部．交通管理——机动车类型分类表[S/OL]．[2008-12-12]. http://www.mps.gov.cn/n16/n1555903/n1555978/n1639196/1702080.html.

[6] 公安部交通管理局．机动车登记工作规范[EB/OL].[2008-12-12]. http://www.mps.gov.cn/n16/n85753/n85900/1042769.html.

[7] 国家环境保护总局，国家质量监督检验检疫总局．GB18352. 3—2005 轻型汽车污染物排放限值及测量方法[S]．北京：中国标准出版社，2005.

[8] Fulton L, Eads G. IEA/SMP Model Documentation and Reference Case Projection [R/OL]. [2008-04-12]. http://www.wbcsd.org/web/publications/mobility/smp-model-document.pdf.

[9] U. S. Energy Information Administration. Fuel Economy of the Light-Duty Vehicle Fleet [R/OL]. [2010-06-09]. http://www.eia.doe.gov/oiaf/aeo/otheranalysis/aeo_2005analysis papers/feldvf.html.

[10] 王庆一．中国可持续能源项目参考资料 2010 能源数据[R/DK]．[2011-05-15].

[11] 国家统计局．国家统计调查制度(2005)[S]．北京：中国统计出版社，2005：23-68.

[12] 中国民用航空局．民航行业节能减排规划[EB/OL]．[2011-01-04]. http://www.caac.gov.cn/A1/201104/t20110412_38907.

[13] 何吉成，吴文化，徐雨晴．1975-2007 年中国铁路机车耗能变化分析[J]．交通运输系统工程与信息．2010，10(5)：22-27.

[14] 国家环境保护总局．2006 年中国环境状况公报[M] //国家统计局．中国环境统计年鉴 2007. 北京：中国统计出版社，2007：219.

[15] NGV Global. Natural Gas Vehicle Statistics[DB/OL]. [2011-01-18]. http://www.iangv.org/tools-resources/statistics.html.

[16] 中国气候变化国别研究组．中国气候变化国别研究[R]．北京：清华大学出版社，2000：58.

[17] 张阿玲，申威，韩维建，等．车用替代燃料生命周期分析[M]．北京：清华大学出版社，2008.

[18] 编写委员会．气候变化国家评估报告[R]．北京：科学出版社，2007：336.

[19] 联合国统计司．联合国千年发展目标指标[DB/OL]．[2010-09-02]．http://mdgs. un. org/unsd/mdg/SeriesDetail. aspx?srid = 749&crid =.

[20] U. S. Energy Information Administration. International Energy Annual 2006[OL]. [2010-04-02]. http://www. eia. doe. gov/iea/carbon. html.

[21] International Energy Agency. CO_2 Emissions from Fuel Combustion- Highlights (2009 Edition) [R/OL]. [2010-02-04]. http://www. iea. org/CO_2highlights/CO_2highlights. pdf.

[22] Energy Data and Modeling Center, Institute of Energy Economics Japan. EDMC Handbook of Energy & Economic Statistics in Japan (2001-2008 editions) [S]. Japan: The Energy Conservation Center, 2002-2009.

[23] McKinsey Quarterly. China and the US: The Potential of a Clean-tech Partnership [EB/OL]. [2009-03-23]. http://www. mckinseyquarterly. com/China_and_the_US_The_potential_of_ a_clean-tech_partnership_2419?pagenum = 1#interactive.

[24] Wallington T J, Sullivan J L, Hurley M D. Emissions of CO_2, CO, NOx, HC, PM, HFC-134a, N_2O and CH_4 from the Global Light Duty Vehicle Fleet[J]. Meteorologische Zeitschrift, 2008, 17(2): 109-116.

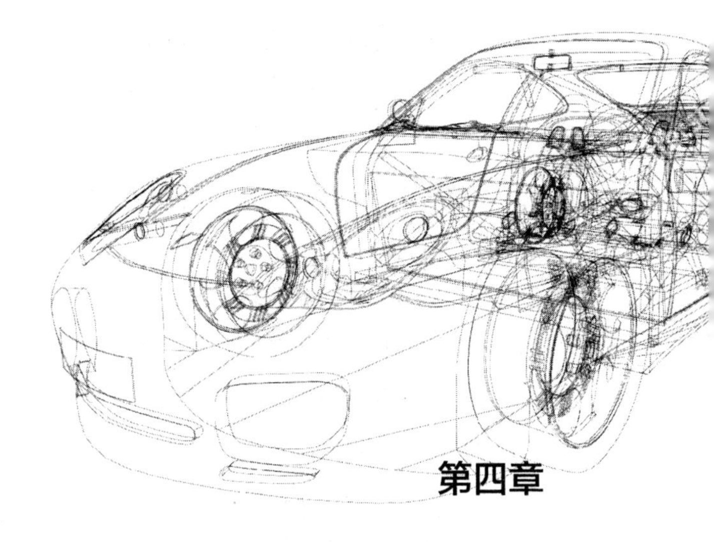

第四章

“2℃”温升目标下中国轻型车的减排目标

第三章对我国交通部门 CO_2 排放量的估算和国际比较得出，道路交通在世界各国的交通部门排放中均占八成以上，是交通部门 CO_2 减排的重点。因此，本章着重对中国道路交通（主要是汽车）的 CO_2 减排目标进行讨论。由于这个 CO_2 减排目标是由全球 CO_2 浓度稳定目标分解得来的，所以又称为汽车部门的 CO_2 稳定目标。具体做法是：首先，对我国汽车保有量的增长趋势进行模型预测，得到未来几十年我国的年新增汽车数量，为进行 CO_2 减排路径的建模分析和情景讨论提供数据基础。其次，以全球 CO_2 稳定目标（450ppmv/550ppmv）为出发点，通过 WRE_SMP 模型实现减排责任的分解，得到我国轻型车部门 2010～2050 年的 CO_2 排放目标，作为下一章建立情景分析和减排路径的依据。

以轻型车作为重点研究对象有四个原因。第一，轻型车是我国道路交通的主要角色，2005 年轻型车保有量占全国民用汽车总量的 78%，2008 年轻型车排放量占全部汽车排放量的 28.4%。虽然这个比例略低于客车和货车，但是由于客车和货车对动力性能的要求高，至今为止很大程度上仍要依赖柴油机

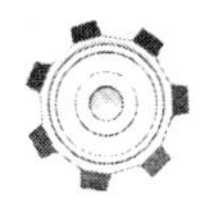

技术。换言之，对客车和货车而言，目前已发现的清洁替代燃料与先进汽车技术种类不多，减排路径的选择十分有限。第二，轻型车技术和车用燃料的发展已呈现出多样化趋势，为我们提供了复杂多变的技术路径选择，已成为目前备受关注的焦点问题。在车辆技术革新方面，值得期待的有发动机直接喷射火花点火技术、混合动力系统、高效新型材料的应用等；在清洁替代燃料方面，远期内可考虑的有生物质基液体燃料、煤基液体燃料、电力等。先进车辆技术与各种替代燃料的多样性提供了丰富的技术组合，使我国轻型车减排路径的选择问题变得非常复杂，必须通过细致的模型计算和情景分析才能找到前进的方向。第三，世界各国关于轻型车车辆技术和燃料发展的现有研究很多，比较容易获得详细数据，有利于提高研究结果的可靠性。相比之下，对货车和客车的研究较少，缺乏数据基础。第四，本章发展的基于轻型车 CO_2减排责任分解的方法学具有普遍意义，当减排技术条件具备、研究数据容易获得时，可以方便地复制到其他领域，如货车和客车部门。因此，本章主要以轻型车部门为例，介绍了 CO_2减排目标建立的过程。本章的思路和方法如图 4-1 所示。

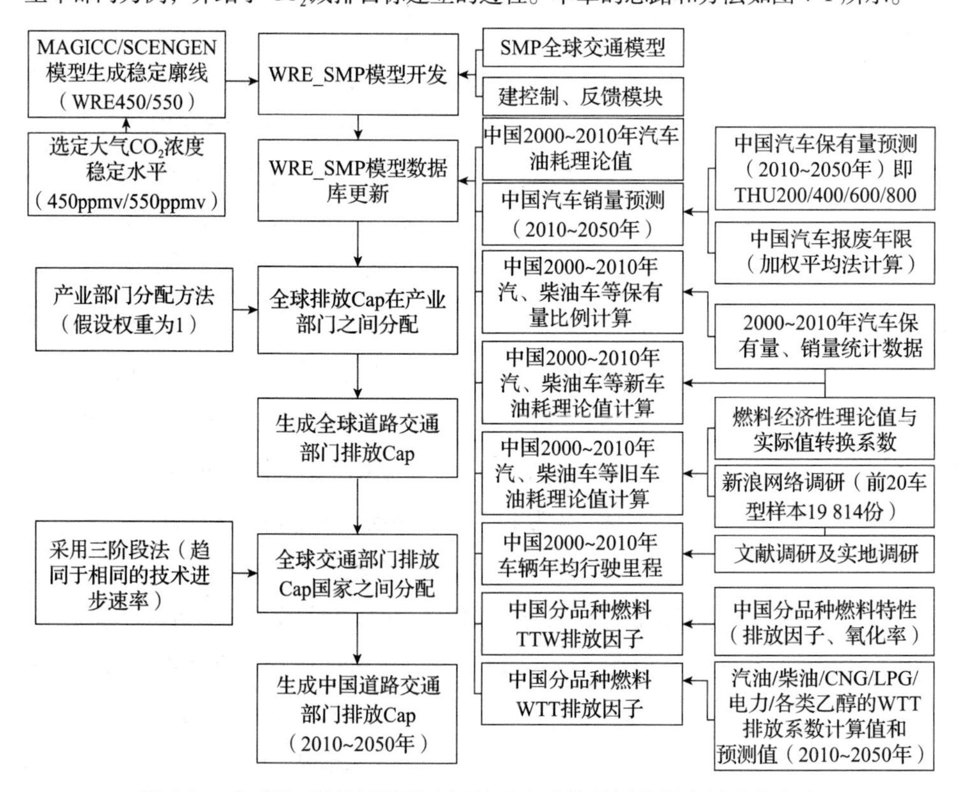

图 4-1 “2℃”温升目标下中国轻型车减排目标的研究思路和方法

第一节 汽车保有量模型预测

在对中国未来几十年的社会和经济发展形势做出估计与判断的基础上，对我国民用汽车保有量的增长趋势进行模型预测，得到未来40年我国的年新增汽车数量，这是进一步开展CO_2减排路径建模分析和情景讨论的数据基础。

现有研究对汽车保有量的预测通常转化为汽车保有率水平㊀的预测，本书依循这种常规做法，首先对未来几十年中国汽车保有率水平进行预测。根据文献调研，对汽车保有率水平的预测方法主要分为集合模型和非集合模型两大类。非集合模型以个体行为为研究对象，一般采用动态模型方法，其解释变量多选取微观变量，如年龄、性别、居住地、收入、价格等。非集合模型由于对数据规模和数据质量的要求较高，其应用受到很大制约，多用于微观政策分析或短期预测[1]。

相比之下集合模型是将车辆拥有者作为整体，不考虑个人行为特点，多用于宏观政策分析或长期预测，应用较为广泛。常用解释变量一般是人均GDP、人均收入等。集合模型通常包括两类计量经济学模型，其主要区别在于模型中是否有饱和水平的限制。无饱和水平限制模型通常是线性模型或对数线性模型，这种预测方法利用数据回归建立模型，并在假设其发展趋势始终保持不变，未来不会出现饱和现象的假设下做出预测。有饱和水平限制模型通常有Gompertz模型、类对数模型（Quasi-logistic Model）等，这类模型曲线呈“S”型，即初期发展缓慢，然后进入迅速增长阶段，后期增长速度逐渐放缓或趋近于某一饱和水平，又被称为“S”型增长曲线模型。历史经验表明很多经济增长并不是无止境的，所以普遍认为有饱和水平限制的预测模型更符合实际情况，并得到越来越广泛的应用[1-3]。

Dargay和Gately利用Gompertz模型研究过1960～2015年世界上26个国家的汽车与小轿车保有率水平问题，以人均收入为解释变量，采用了1960～1992年的历史数据。其数据范围较广，包括了20个OECD国家和6个发展中国家（包括中国、印度和巴基斯坦等），因此涵盖了不同的收入水平，证实了“S”型增长曲线

㊀ 汽车保有率水平可以指人均拥有汽车数，或百人拥有汽车数，或千人拥有汽车数。本书中采用千人拥有汽车数，单位为辆/千人。

的适用性，对饱和水平和饱和时点等关键问题进行了讨论，得出了饱和水平在大约850辆/千人的结论[4,5]。Dargay和Gately进一步拓展了其研究的样本容量，将国家数目增加为45个，涵盖了75%的世界人口，将建模数据更新至2002年。模型预测到2030年，得到结论是美国的汽车保有率水平为849辆/千人，欧洲在700～800辆/千人，日本为716辆/千人，中国发展到269辆/千人，并且认为中国汽车保有率水平将持续增长，最终饱和在800辆/千人左右[6]。然而，其研究中存在着明显的不足，用于建模的关键统计数据人均GDP来源的可靠性有待检验，对未来GDP增长率的假定也存在较大不确定性。另外，收入以外的变量也可能对汽车保有率水平起到重要影响，如政府在居民汽车购买和使用方面的政策引导。

王旖旎同样采用了Gompertz模型对各国的汽车保有率水平和人均收入之间的非线性关系进行了分析，采用1960～2000年的数据，并对中国的汽车保有率水平问题做出了分析，对中国未来的发展趋势做出了预测[7]。其研究结果认为，中国汽车保有率水平的拐点约为500～620辆/千人，将在2015～2042年间出现，并且粗略估计中国高收入人群的汽车保有率水平将在2015年左右开始减速增长。这项研究存在的局限在于，假设不同国家具有相同的汽车保有率饱和水平可能是不准确的，这是目前已有类似研究普遍存在的一个缺陷。不同国家的人口规模、经济体制、消费文化不同，导致汽车消费行为很可能千差万别。发达国家地域广阔、人口密度低、消费能力高，甚至已经出现了一人拥有多辆汽车的现象，汽车保有率水平高达800～900辆/千人是具有合理解释的，而发展中国家和低收入国家，常常面临着土地紧张、人口规模庞大、城市道路拥挤等长期难以改变的客观情况，如果按照发达国家汽车保有率水平的历史路线发展，将会带来更突出的资源、能源和环境问题，可能是行不通的。因此，中国的汽车保有率水平不能根据其他国家的历史经验来判断，而应该立足中国的基本国情，做出合理的假设和预测。

一、模型设定

基于以上介绍，下文将采取改进性方法对中国汽车保有率水平进行建模分析。同样采用经典的有饱和水平限制的Gompertz模型，表达式如式（4-1）所示。

$$V = V^{*} \times e^{\alpha e^{\beta GDP}} \tag{4-1}$$

式中，V代表汽车保有率水平，单位为辆/千人，V^{*}代表汽车保有率水平的饱和限制，单位为辆/千人，*GDP* 是指人均 GDP，单位为人民币元/人，α、β 为待估参数。该模型为非线性模型，为利用常规求解方法[8,9]，变换为式（4-2）。式中，解释变量是人均 GDP。

$$\ln\left[-\ln\left(\frac{V}{V^*}\right)\right] = \ln(-\alpha) + \beta GDP \tag{4-2}$$

由于我国汽车工业起步较晚，关于汽车保有量的统计最早可追溯到 1978 年，因此本书选用 1978～2009 年汽车保有率水平的时间序列建立模型，数据如表 4-1 所示。同时，采用 2010～2015 年的实际数据进行模型校核。

表 4-1 中国 GDP、人口、汽车保有量历年数据

年份	GDP（1978 年不变价格，亿元 RMB）	民用汽车保有量（年末，万辆）	人口（亿人）	人均 GDP（RMB 元/人）	人均汽车保有率水平（辆/千人）
1978	3 645	135. 8	9. 63	379	1. 41
1979	3 922	167. 5	9. 75	402	1. 72
1980	4 228	199. 1	9. 87	428	2. 02
1981	4 451	222. 3	10. 01	445	2. 22
1982	4 852	241. 2	10. 17	477	2. 37
1983	5 380	260. 4	10. 30	522	2. 53
1984	6 197	290. 5	10. 44	594	2. 78
1985	7 032	321. 1	10. 59	664	3. 03
1986	7 655	362. 0	10. 75	712	3. 37
1987	8 541	408. 1	10. 93	781	3. 73
1988	9 503	464. 4	11. 10	856	4. 18
1989	9 889	511. 3	11. 27	877	4. 54
1990	10 269	551. 4	11. 43	898	4. 82
1991	11 213	606. 1	11. 58	968	5. 23
1992	12 809	691. 7	11. 72	1 093	5. 90
1993	14 595	817. 6	11. 85	1 232	6. 90
1994	16 506	942. 0	11. 99	1 377	7. 86
1995	18 310	1 040. 0	12. 11	1 512	8. 59
1996	20 143	1 100. 1	12. 24	1 646	8. 99
1997	22 013	1 219. 1	12. 36	1 781	9. 86
1998	23 738	1 319. 3	12. 48	1 903	10. 57
1999	25 549	1 452. 9	12. 58	2 031	11. 55
2000	27 700	1 608. 9	12. 67	2 186	12. 69
2001	30 000	1 802. 0	12. 76	2 351	14. 12
2002	32 727	2 053. 2	12. 85	2 548	15. 98
2003	36 007	2 382. 9	12. 92	2 786	18. 44

（续）

年份	GDP（1978 年不变价格，亿元 RMB）	民用汽车保有量（年末，万辆）	人口（亿人）	人均 GDP（RMB 元/人）	人均汽车保有率水平（辆/千人）
2004	39 638	2 693.7	13.00	3 049	20.72
2005	43 773	3 159.7	13.08	3 348	24.16
2006	48 871	3 697.4	13.14	3 718	28.13
2007	55 243	4 358.4	13.21	4 181	32.99
2008	60 190	5 099.6	13.28	4 532	38.40
2009	65 426	6 288.0	13.35	4 901	47.11

对历史数据的来源说明如下。1978 ~ 2015 年汽车保有量来自历年《中国统计年鉴》，其中 1979 年和 1981 年的数据缺失，采用前后年线性插值法处理。GDP 和人口数据来自历年《中国统计年鉴》，其中将 GDP 换算为以 1978 年不变价格为基准的计算值，人均 GDP 是根据该计算值和人口数据得到的。人均汽车保有率水平根据历年民用汽车保有量和人口数据计算得到。

二、参数选择

饱和水平是模型预测过程中的关键参数。本书在基于历史经验和现实情况分析的基础上，在建模过程中设定该参数的取值。根据上述文献调研，发达国家的汽车保有率的饱和水平普遍偏高，如美国已稳定在 800 辆/千人左右（2008 年 824 辆/千人），大部分欧洲国家稳定在 500 ~ 600 辆/千人，日本稳定在 600 辆/千人左右的水平（2009 年 608 辆/千人）。我国是发展中国家，随着经济和社会发展，居民的收入水平会逐渐提高。但是在相当长的一段时期内土地资源有限、人口众多仍然是我国的基本国情，这在很大程度上将制约私人汽车的普及。因此我国汽车保有率的饱和水平要充分考虑自身的现实条件，不能简单比照其他国家的情况。

国家发展和改革委员会（简称国家发改委）和国家信息中心预测到 2020 年世界人均汽车保有率水平是每千人 280 辆[10]。国务院发展研究中心副主任刘世锦提出，到 2020 年中国人均汽车保有率水平将达到千人 100 辆以上，到 2030 年翻一番至每千人 200 辆汽车[11]。本书分别以 200 辆/千人、400 辆/千人、600 辆/千人、800 辆/千人作为饱和水平，建立我国汽车部门的 Gompertz 模型，得到四种可能的汽车增长模式，分别记为 THU200，THU400，THU600 和 THU800。这四种饱和水平的选取，充分考虑了发达国家的参考情况（美国 800 辆/千人、日本 600 辆/千人），国内对该问题的普遍认识（200 辆/千人），以及另一种可能的情况（400 辆/千人）。因此，这四种发展预测又可以分别看作美国模式、日本模式、中国正常发展模式和中国限制发展模式。

汽车数量的增长不但与经济发展水平有关，还在很大程度上取决于政策因素。目前中国汽车的急剧增长开始引发城市道路拥堵、空气污染等严重问题，相关政策已经陆续出台。以北京为例，从 2011 年 1 月起推出了《北京市小客车数量调控暂行规定》，开始实施汽车数量调控和配额管理制度，为缓解汽车保有量的增长速度，2011 年全年机动车牌照配发数量控制在 24 万个。由此可见，政府的行政干预对我国汽车数量增长的调控效果是立竿见影的，所以在预测我国汽车保有量时，必须考虑限购限行等政策作为不确定性因素的影响。本书认为，模型预测的四种情况都存在一定的发生概率，虽然目前看来中国正在沿着 THU400 的路线前进，但是如果全国各大中城市都相继效仿北京控制汽车增长的政策举措，那么一段时期后就很可能出现汽车增长曲线从 THU400 路线转换到 THU200 路线的情况。

三、求解模型

本书对 V^* 分别取 200 辆/千人、400 辆/千人、600 辆/千人和 800 辆/千人作为模型的饱和限值，利用 32 年的历史数据建立模型，得到模型表达如式（4-3）、式（4-4）、式（4-5）和式（4-6）所示。

$$\ln\left[-\ln\left(\frac{V}{200}\right)\right]=1.579-0.0002493\times GDP\quad R^2=0.984 \tag{4-3}$$

$$\ln\left[-\ln\left(\frac{V}{400}\right)\right]=1.698-0.0001986\times GDP\quad R^2=0.975 \tag{4-4}$$

$$\ln\left[-\ln\left(\frac{V}{600}\right)\right]=1.764-0.0001778\times GDP\quad R^2=0.971 \tag{4-5}$$

$$\ln\left[-\ln\left(\frac{V}{800}\right)\right]=1.810-0.0001656\times GDP\quad R^2=0.969 \tag{4-6}$$

对以上各式进行二阶求导，如式（4-7）所示，得到 Gompertz 增长曲线的拐点，如式（4-8）和式（4-9）所示。Gompertz 模型的待估参数求解结果和拐点预测如表 4-2 所示。

$$\frac{d^2V}{dGDP^2}=0 \tag{4-7}$$

$$GDP=\frac{1}{\beta}\times\ln\left(\frac{1}{-\alpha}\right) \tag{4-8}$$

$$V=\frac{V^*}{e} \tag{4-9}$$

表 4-2 Gompertz 模型求解结果

	α	β	拐点			
			年份	GDP（1978 年不变价格，RMB 元/人）	保有率水平（辆/千人）	保有量（亿辆）
THU200	-4.848	-0.000 249	2012～2013	6 339	73.6	1.0
THU400	-5.462	-0.000 199	2016～2017	8 532	147.2	2.0
THU600	-5.838	-0.000 178	2019	9 913	220.7	3.1
THU800	-6.109	-0.000 166	2020～2021	10 903	294.3	4.2

以 THU400 为例，在人均 GDP 达到 8 500 元左右，汽车保有率水平达到 147 辆/千人时，我国汽车保有率水平的 Gompertz 曲线将达到拐点，这个关键时点将在 2017 年附近出现。在此之前，中国汽车保有率水平单调递增，并且增速逐年加快；在此之后，虽然汽车保有量仍将保持增长趋势，但是增速有所减慢，呈现出缓慢增长并逐渐趋于稳定的态势。这种饱和的表现就是 Gompertz 增长曲线最重要的特点，也是其能合理描述现实经济活动的关键原因。

结合实际情况，可以看到 2015 年的我国汽车保有率水平已达到 119 辆/千人，与模型预测的 121 辆/千人非常接近，说明 Gompertz 增长模型在假定汽车保有率饱和水平为 400 辆/千人时，对我国汽车增长情况有较好的模拟性和解释性，预测效果较好。反过来看，在 2010～2015 年间，如果各大中城市能够出台一系列控制汽车数量增长的政策和措施，那么更有可能出现的就不是 THU400 而是 THU200 的情况了。但是，我们显然已经错过了控制我国汽车过快过多增长的最好时机。汽车保有量的变化，直接影响到我国汽车工业、石油化工行业等一系列相关产业的发展。同时，对我国能源消费和温室气体排放也将产生重要的影响。

四、模型预测

本节利用式（4-3）、式（4-4）、式（4-5）和式（4-6）对未来几十年中国的汽车保有率水平进行预测，进而得到汽车总保有量，其中2010~2015年的预测结果用于与实际数据对比、进行模型校核。对解释变量人均GDP的预测是建立在对中国经济社会远期发展趋势做出判断的基础上的，由人口预测数据和经济预测数据计算得到。2010~2020年人口数据来自《人口发展“十一五”和2020年规划》[12]。2030~2050年的人口数据和2010~2050年的GDP数据来自清华大学张阿玲2005年的预测结果（GDP以2005年不变价格计算），如表4-3所示，表中的GDP年均增长率是以每五年或10年为周期计算得出的。

表4-3　中国人口和经济发展预测数据（2010~2050年）

年份	2005	2010	2020	2030	2040	2050
人口/亿人	13.08	13.60	14.50	14.69	14.68	14.32
GDP总量2005年价/万亿元	18.4	30.3	64.0	113.4	173.0	234.3
GDP总量1978年价/万亿元	4.38	7.21	15.23	26.98	41.16	55.74
GDP年均增长率（%）		10.5	7.8	5.9	4.3	3.1
调整后的GDP年均增长率（%）		10.2	7.7	5.6	4.2	3.3

关于对人口和GDP预测数据进行平滑处理的说明。为了利用年人均GDP预测汽车保有率水平，必须使用每年的人口和GDP预测数据，而表4-3只提供了每五年或10年规划末年时点的预测值。因此本书采用多项式曲线拟合的方法进行平滑处理，利用已有时点值得到每年的连续插值㊀。然后，再利用经过平滑处理的逐年人口和GDP预测数据，得到每年的人均GDP，如表4-4所示。该计算值与用GDP和人口原始预测值计算得出的人均GDP预测值有差别，但是误差较小，在合理范围之内。

表4-4　模型预测数据（平滑处理后）

年份	人口（亿人）	GDP（亿元RMB）	人均GDP（RMB元/人）	年份	人口（亿人）	GDP（亿元RMB）	人均GDP RMB元/人）
2010	13.43	71 053	5 289	2016	13.91	114 218	8 211
2011	13.52	77 093	5 702	2017	13.98	122 684	8 775
2012	13.60	83 607	6 146	2018	14.05	131 443	9 356
2013	13.68	90 630	6 623	2019	14.11	140 490	9 955
2014	13.76	98 185	7 134	2020	14.17	149 820	10 570
2015	13.84	106 050	7 664	2021	14.23	159 427	11 201

㊀ 由于人口和经济发展是连续过程，不能采用简单的线性插值法，否则会导致预测结果出现多个不合理拐点。

（续）

年份	人口（亿人）	GDP（亿元 RMB）	人均 GDP（RMB 元/人）	年份	人口（亿人）	GDP（亿元 RMB）	人均 GDP RMB 元/人）
2022	14.29	169 306	11 849	2037	14.68	346 597	23 617
2023	14.34	179 453	12 514	2038	14.67	360 120	24 552
2024	14.39	189 861	13 195	2039	14.66	373 825	25 508
2025	14.43	200 525	13 892	2040	14.64	387 709	26 487
2026	14.48	211 441	14 606	2041	14.62	401 765	27 489
2027	14.51	222 602	15 337	2042	14.59	415 988	28 515
2028	14.55	234 005	16 084	2043	14.56	430 374	29 567
2029	14.58	245 643	16 849	2044	14.52	444 918	30 645
2030	14.61	257 511	17 631	2045	14.48	459 612	31 751
2031	14.63	269 604	18 430	2046	14.43	474 454	32 885
2032	14.65	281 917	19 247	2047	14.37	489 437	34 050
2033	14.66	294 445	20 083	2048	14.31	504 555	35 247
2034	14.67	307 182	20 937	2049	14.25	519 805	36 477
2035	14.68	320 123	21 811	2050	14.18	535 181	37 742
2036	14.68	333 264	22 704				

根据四种饱和水平建立的四个预测模型，利用表 4-4 提供的预测数据，得到未来几十年我国汽车保有率水平的逐年数值，与历年人口预测值相乘，得到汽车总保有量的预测结果，如表 4-5 所示。

表 4-5　中国汽车保有量预测结果

年份	THU200		THU400		THU600		THU800	
	（辆/千人）	（百万辆）	（辆/千人）	（百万辆）	（辆/千人）	（百万辆）	（辆/千人）	（百万辆）
2010	54.67	73.5	59.19	79.5	61.40	82.5	62.80	84.4
2011	62.08	83.9	68.81	93.0	72.16	97.6	74.32	100.5
2012	70.18	95.5	79.83	108.6	84.75	115.3	87.96	119.7
2013	78.92	108.0	92.35	126.4	99.37	136.0	104.02	142.3
2014	88.21	121.4	106.39	146.4	116.18	159.9	122.76	168.9
2015	97.61	135.1	121.43	168.0	134.64	186.3	143.67	198.8
2016	106.95	148.8	137.28	191.0	154.64	215.1	166.70	231.9
2017	116.11	162.3	153.76	215.0	176.01	246.1	191.74	268.1
2018	124.95	175.5	170.66	239.7	198.54	278.9	218.60	307.1
2019	133.37	188.2	187.74	265.0	221.98	313.3	247.06	348.7
2020	141.27	200.3	204.80	290.3	246.06	348.8	276.83	392.4
2021	148.61	211.5	221.62	315.4	270.50	385.0	307.59	437.8
2022	155.34	222.0	238.00	340.1	295.00	421.5	339.01	484.4

（续）

年份	THU200		THU400		THU600		THU800	
	（辆/千人）	（百万辆）	（辆/千人）	（百万辆）	（辆/千人）	（百万辆）	（辆/千人）	（百万辆）
2023	161.45	231.5	253.78	363.9	319.29	457.9	370.74	531.7
2024	166.94	240.2	268.81	386.8	343.11	493.7	402.43	579.1
2025	171.83	248.0	282.99	408.5	366.22	528.6	433.76	626.1
2026	176.13	255.0	296.24	428.8	388.43	562.3	464.40	672.3
2027	179.90	261.1	308.50	447.8	409.56	594.4	494.10	717.2
2028	183.17	266.5	319.76	465.2	429.49	624.9	522.61	760.3
2029	185.99	271.2	330.01	481.1	448.14	653.4	549.76	801.5
2030	188.39	275.2	339.26	495.5	465.44	679.8	575.38	840.4
2031	190.44	278.6	347.57	508.4	481.37	704.2	599.38	876.8
2032	192.17	281.5	354.96	519.9	495.93	726.4	621.69	910.6
2033	193.62	283.9	361.50	530.0	509.14	746.5	642.29	941.7
2034	194.83	285.8	367.26	538.8	521.06	764.5	661.16	970.0
2035	195.83	287.4	372.29	546.4	531.75	780.5	678.36	995.7
2036	196.65	288.7	376.66	552.9	541.26	794.5	693.92	1 018.6
2037	197.33	289.6	380.43	558.3	549.69	806.7	707.92	1 038.9
2038	197.88	290.2	383.68	562.8	557.11	817.2	720.44	1 056.7
2039	198.33	290.7	386.45	566.4	563.61	826.0	731.58	1 072.1
2040	198.69	290.8	388.81	569.1	569.27	833.3	741.43	1 085.3
2041	198.98	290.8	390.81	571.2	574.17	839.2	750.10	1 096.3
2042	199.21	290.6	392.49	572.6	578.40	843.8	757.69	1 105.3
2043	199.39	290.2	393.89	573.4	582.03	847.2	764.30	1 112.5
2044	199.53	289.7	395.06	573.6	585.13	849.5	770.03	1 118.0
2045	199.65	289.0	396.03	573.3	587.75	850.8	774.96	1 121.8
2046	199.73	288.2	396.83	572.5	589.97	851.2	779.19	1 124.2
2047	199.80	287.2	397.48	571.3	591.84	850.7	782.81	1 125.2
2048	199.85	286.1	398.01	569.8	593.39	849.4	785.87	1 125.0
2049	199.89	284.8	398.44	567.8	594.68	847.4	788.45	1 123.6
2050	199.92	283.5	398.79	565.5	595.75	844.8	790.62	1 121.1

通过预测结果发现，我国远期汽车保有量出现了小幅下降，这是因为虽然汽车保有率水平逐年增加或趋于平稳，但是随着我国进入老龄化社会，全国人口总数在达到顶点后会进入下降区间，从而导致汽车保有总量略有下降。

五、结果分析

根据 THU400 的结果，我们认为中国汽车总保有量将在 2020 年左右达到 2 亿辆，2026年到2027年接近3亿辆，2030年以后增速开始放缓，至2050年左右达到4亿辆水平，同时汽车保有率水平逐渐饱和于400辆/千人。

关于中国汽车保有量增长问题，国内外已有很多研究和预测结果[13-17]，将其与本书的预测结果进行详细比较（见图4-2）。已有研究多数采用的是不含有饱和水平限制的模型，因此预测结果呈现出简单增长趋势。相比之下，本书采用含有饱和水平限制的Gompertz模型，预测曲线呈现出显著的“S”型，增长情况接近现实，更具有合理性。以2009年为例，已有预测对汽车增长的预测结果普遍偏低（见图4-3）。本书采用的Gompertz模型假设我国目前正处在“S”曲线的上升期，新增汽车数量很可能会在最近10年内急剧增长，而预测结果也印证了这个假设。将2010～2015年模型的预测结果与实际数据进行比较（见表4-6），可以看到近几年的发展情况与THU400的预测结果比较接近，误差范围在3%以内，说明Gompertz模型在本书假设的400辆/千人的饱和水平条件下建立的我国汽车中长期的模型比较符合实际的发展轨迹。

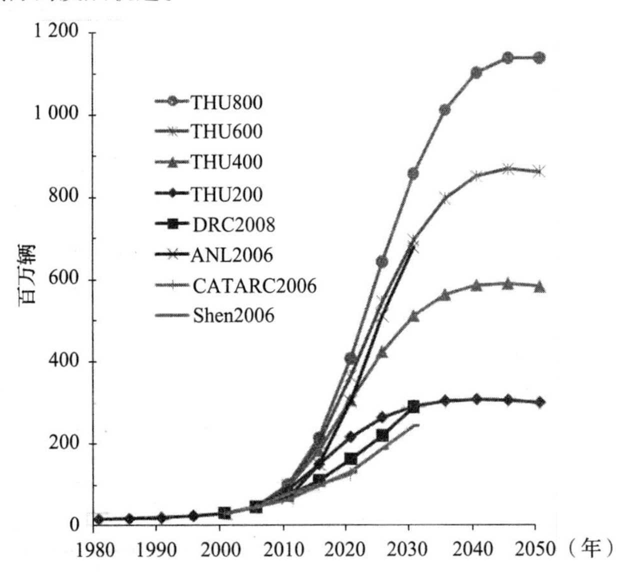

图4-2 中国汽车保有量预测结果比较

注：DRC2008是指国务院发展研究中心（产业经济研究部）2008年研究结果；ANL2006是指（美国）Agonne National Laboratory2006年研究结果；CATARC2006是指中国汽车技术研究中心2006年研究结果；Shen2006是指沈中元2006年研究结果；THU200/THU400/THU600/THU800是指本书预测结果。

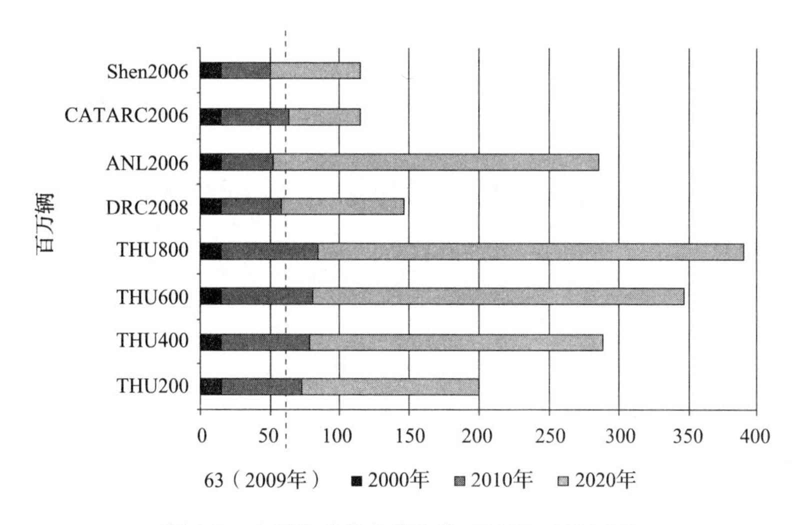

图 4-3 中国汽车保有量比较（2000～2020 年）

表 4-6 预测结果与实际数据比较（2010～2015 年）

年份	汽车保有率水平			汽车保有量		
	THU400 预测（辆/千人）	实际数据（辆/千人）	误差（%）	THU400 预测（百万辆）	实际数据（百万辆）	误差（%）
2010	59. 2	58. 2	2	79. 5	78. 0	2
2011	68. 8	69. 4	-1	93. 0	93. 6	-1
2012	79. 8	80. 7	-1	108. 6	109. 3	-1
2013	92. 4	93. 1	-1	126. 4	126. 7	0
2014	106. 4	106. 7	0	146. 4	146. 0	0
2015	121. 4	118. 5	2	168. 0	162. 8	3

当然，我国汽车保有量预测中仍然存在一些不确定性因素。如果政府采取某些严厉的限购、限行或排放控制等政策和措施，汽车增长速度势必会放缓，汽车保有率的饱和水平有可能低于 400 辆/千人。换言之，THU200 路线也是有可能实现的。反之，如果我们鼓励家用汽车，沿着欧美国家的汽车普及道路发展下去，那么如 THU600 和 THU800 路线所展示的，汽车保有量将出现爆发式增长并维持一段较长的时间，导致汽车总量攀升至一个相当大的规模，远期甚至突破 8 亿～11 亿辆，这个数字是美国汽车保有量的三四倍。那么，随之而来的是汽车燃料需求大幅增加、城市道路拥堵不堪、停车场设施急剧短缺、汽车尾气排放造成城市空气严重污染等一系列问题。因此，THU600 和 THU800 预测结果提示我们，欧美国

家的汽车普及道路并不适合我国的国情，我国的汽车保有率水平不宜追求欧美国家的高水平。

第二节　CO_2浓度稳定目标分解

本节的内容是建立我国汽车部门 CO_2减排的目标曲线，为下一步进行减排路径分析做准备。以 CO_2减排为研究对象的情景分析，一般有两种方法。一种是以绝对减排量为目标进行的“减排情景”，力图实现减少一定比例（相对于“基线情景”）CO_2排放量的目的。另一种是以 CO_2浓度稳定性水平为目标建立的“稳定目标情景”，试图寻找到实现《公约》提出的“最终目标”的一种路径。第一种方法原理简单，操作方便，只需确定一个减排比例即可，因此得到了广泛应用。但是，这个减排比例对大气 CO_2浓度以及全球温升的影响难以确定，减排效果的评估比较困难。第二种方法是从应对气候变化的根本目的出发，尽管原理复杂，也有一定的不确定性，但是其逻辑十分正确，因为从理论上讲如果模拟的减排情景得以实现，那么预先设定的 CO_2浓度稳定目标就有可能实现，从而达到控制全球平均气温升高和应对气候变化的初衷。然而，后一种方法涉及国家之间和部门之间的排放权分配问题，比较复杂，对数据要求高，操作起来也很困难，因此目前已有研究较少采用该方法。考虑到第二种方法在逻辑方面的优越性，本书将介绍这种建立“稳定目标情景”的方法，并用来讨论我国交通部门的减排路径，同时对国家之间和部门之间的 CO_2排放空间的定量分配问题做一些探索性尝试。

本节的内容安排如下。第一步，介绍稳定廓线的研究状况，利用 Wigley 等开发的气候模型生成 CO_2浓度稳定目标曲线。第二步，将该稳定目标曲线与 IEA 和世界可持续发展工商理事会（World Business Council for Sustainable Development，WBCSD）共同开发的 IEA/SMP 交通模型进行链接，建立反馈机制，新增电动车计算模块，从而得到 WRE_SMP 模型。第三步，各类相关数据的分析和说明。第四步，通过对全球 CO_2浓度稳定性廓线分别进行国家层面和部门层面的分解，建立我国轻型车的 CO_2排放目标曲线。

一、CO_2浓度稳定目标的生成

本书采用 WRE 廓线作为 CO_2浓度稳定目标曲线。目标曲线的原始数据由

MAGICC/SCENGEN（Model for the Assessment of Greenhouse- gas Induced Climate Change，A Regional Climate SCENario GENerator）模型生成。

MAGICC/SCENGEN 模型是由一组耦合的气体循环、气候和冰融模型组成。它允许用户自行定义某特定的温室气体排放量和二氧化硫排放量，从而决定全球平均温度和海平面升高的结果。MAGICC/SCENGEN 采用的各种模型是由气候研究小组和国家大气研究中心（National Center for Atmospheric Research）经过很多年开发而成，主要工作由 Tom Wigley 和 Sarah Raper 二人完成[㊀]。本书采用的 MAGICC/SCENGEN 模型是 2003 年 9 月出版的 4.1 版本[㊁]（见图 4-4）。这个模型版本曾被 IPCC 的 TAR 采用，因此本书所用的 CO_2稳定廓线与 TAR 中的 WRE 曲线是一致的。

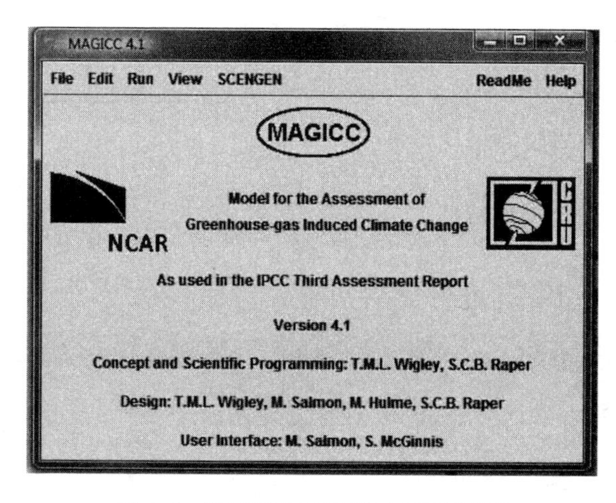

图 4-4　MAGICC/SCENGEN 模型界面

关于确定控制全球平均温度升高的目标和选定大气 CO_2浓度稳定性水平的问题，虽然《巴黎协定》已经在全球范围内达成了控制平均温升在 2℃以内（相对于工业化前）并争取 1.5℃的一致愿景，但是这个目标也受到了广泛质疑，有很多学者认为这个目标过于理想化，实现的可能性很低。根据联合国世界气象组织的

㊀ 作者根据模型的英文介绍翻译得来，原文为“MAGICC is a set of coupled gas-cycle，climate and ice-melt models that allow the user to determine the global-mean temperature and sea-level consequences of user-specified greenhouse gas and sulphur dioxide emissions. The models used by MAGICC were developed in the Climatic Research Unit and at NCAR over a number of years primarily by Tom Wigley and Sarah Raper.” 网址：http://www.cgd.ucar.edu/。

㊁ MAGICC 模型 4.1 版本下载地址为 www.cgd.ucar.edu/cas/wigley/magicc/。

最新发布，2015年全球范围内相对于工业化前水平的平均温升已经达到了1℃，而且还在持续上升[18]，由此可见，温升在1.5℃或2℃以内的目标显得有些不切实际、好高骛远。根据IPCCAR4的结论，如果将2℃作为全球平均温升目标，那么大气CO_2浓度稳定性水平的要求是350ppmv～400ppmv。2010年发布的美国科学院报告也提到2℃温升对应的CO_2浓度稳定水平估计在370ppmv～540ppmv之间[19]。

事实上，1988年CO_2浓度就达到了350ppmv，之后一直持续增加，2005年突破了380ppmv，2010年已达到389.7ppmv，并且增长速度日益加快，如表4-7所示。目前普遍认为450ppmv和550ppmv有可能作为全球CO_2浓度稳定目标纳入《公约》的行动框架，大多数的研究工作也随即围绕这两个目标展开，因此本书的CO_2浓度稳定目标选择450ppmv和550ppmv，并利用MAGICC/SCENGEN模型（有碳循环的气候反馈模式）生成WRE450和WRE550稳定目标曲线，结果如图4-5、图4-6和表4-8所示。

表4-7 CO_2浓度历史增长速度[20]

年份	CO_2浓度年均增长速度（ppmv）
2001～2010	2.04
1991～2000	1.52
1981～1990	1.55
1971～1980	1.30
1961～1970	0.88

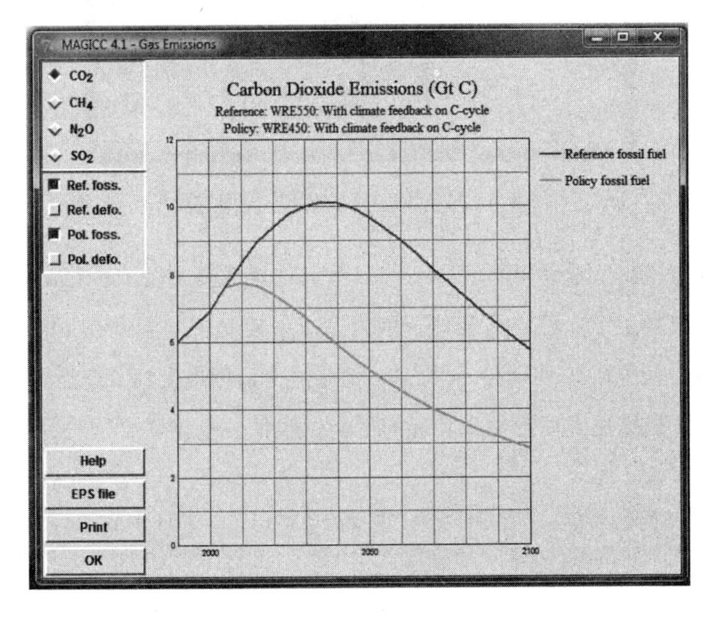

图4-5 MAGICC/SCENGEN模型生成的WRE排放曲线

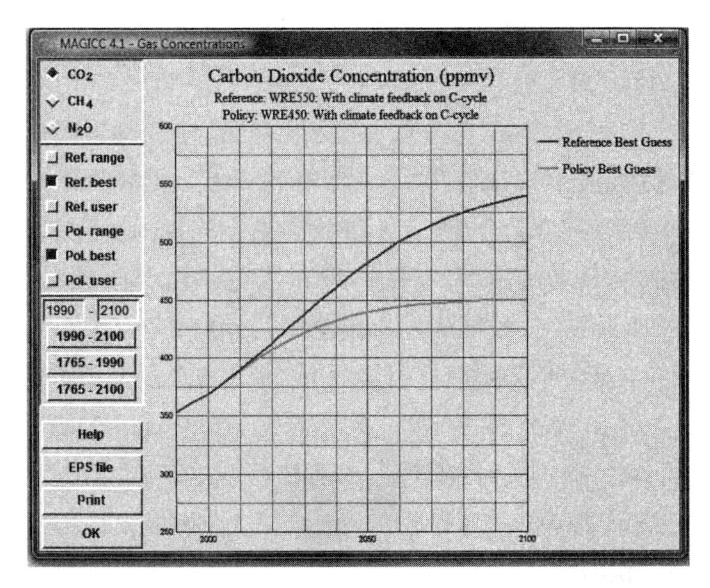

图 4-6 MAGICC/SCENGEN 模型模拟的 CO_2 浓度稳定路径

表 4-8 MAGICC/SCENGEN 模型生成的 WRE 曲线数据

年份	化石燃料 CO_2 排放量（10 亿吨碳）		年份	化石燃料 CO_2 排放量（10 亿吨碳）	
	WRE450	WRE550		WRE450	WRE550
2000	6.896	6.896	2055	4.842	9.359
2005	7.633	7.633	2060	4.543	8.987
2010	7.785	8.369	2065	4.261	8.581
2015	7.659	8.957	2070	4.016	8.164
2020	7.424	9.414	2075	3.779	7.733
2025	7.105	9.803	2080	3.569	7.315
2030	6.723	10.021	2085	3.361	6.891
2035	6.324	10.126	2090	3.181	6.492
2040	5.917	10.085	2095	3.001	6.107
2045	5.534	9.937	2100	2.849	5.746
2050	5.176	9.688			

二、WRE_SMP 模型的建立

WRE_SMP 模型是由 WRE 浓度稳定目标曲线和 IEA/SMP 模型共同构建而成，可以作为交通部门碳减排分析时建立“稳定目标情景”的工作平台。IEA 与 WBCSD 共同开发的 IEA/SMP 模型介绍见第二章第三节。

为了使用 IEA/SMP 模型与 WRE 浓度稳定目标曲线构建新的 WRE_SMP 模型，

需要在原 IEA/SMP 模型中建立若干新模块，并根据研究需要创建一套运算流程。

第一步，将利用 MAGICC/SCENGEN 模型生成的 WRE450 和 WRE550 稳定目标曲线嵌入原模型，作为目标模块。第二步，创建控制模块，将原模型中的社会和经济发展速度、汽车保有量增长等宏观假设参数，连同汽车种类、燃料种类、交通活动水平的时间序列等微观假设参数，全部整合到控制模块里，作为新模型的控制平台。第三步，在原模型中引入目标反馈机制，根据宏观和微观双重判断准则，建立起反馈模块。

将新建立的目标模块、控制模块和反馈模块与原模型进行连接，其中反馈模块利用了宏观和微观双重判断准则，比较复杂，尚未实现自动识别。新模型的运算流程如图 4-7 所示，解释如下：第一步，模型运行时从目标模块开始，选定某浓度稳定目标；第二步，进入控制模块，根据情景的宏观和微观假设确定模型的关键参数；第三步，原 SMP 模型作为计算模块，得到各种技术路线能源消费和排放的汇总结果；第四步，到达反馈模块，利用判断准则比较计算结果和预定目标。如果通过判断准则并达到预定目标，则模型运算终止；如果未通过判断准则或未达到设定目标，则再次进入目标模块和控制模块，调整目标设定和情景假设，开始新一轮的运算。

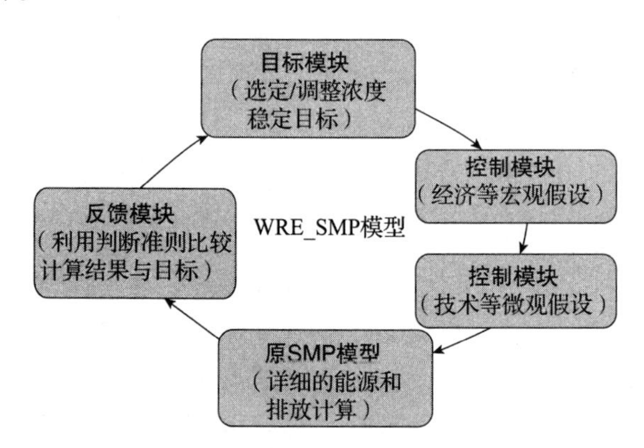

图 4-7　WRE_SMP 模型构建思路和运行方式

此外，原 SMP 模型中没有设计电动车计算模块，为了后面情景分析的需要，在 WRE_SMP 模型中添加了这部分内容，对计算流程进行了相应的修改。

三、WRE_SMP 模型的数据

利用 WRE_SMP 模型进行 CO_2 浓度稳定目标在国家层面和部门层面分解这项工

作需要大量数据作为支撑。原 IEA/SMP 模型内的全球交通数据库里已经包括了较为全面和翔实的各国数据。但是，原模型数据库内关于中国方面的数据普遍质量不高，对分析结论可能会产生较大影响。因此，需要对中国相关的模型输入数据进行仔细考察和全面更新，主要涉及轻型车部分，包括以下几个方面：轻型车的使用年限、保有量和销量预测、年均行驶里程、燃料结构、燃料经济性和生命周期 CO_2 排放系数等。下面分别进行说明。

（一）轻型车的使用年限

我国对汽车使用年限有明确规定。2003 年 10 月通过的《中华人民共和国道路交通安全法》第二章第十四条明确规定，“国家实行机动车强制报废制度，根据机动车的安全技术状况和不同用途，规定不同的报废标准”。确定汽车报废的主要标准是年限，即规定了车辆的使用年限。

我国现行的汽车报废标准是根据 1997 年商务部《关于发布〈汽车报废标准〉的通知》（国经贸经【1997】456 号）发展而来。随后又相继颁布了《关于调整轻型载货汽车报废标准的通知》（国经贸经【1998】407 号）、《关于调整汽车报废标准若干规定的通知》（国经贸资源【2000】1202 号）等相关规定。现行的车辆报废标准如表 4-9 所示。由此可见，我国汽车的使用年限与车辆类型密切相关，从 8 年至 15 年不等，并且在符合年检要求的条件下允许延长使用。

表 4-9 我国机动车强制报废标准[21]

类别		使用年限	累计里程（万 km）	最长延期
乘用车	非营运	15	50	可延长
	出租	8	50	不准延期
客车	大中型非营运	10	50	可延长 10 年
	营运/旅游	10	50	可延长 10 年
	营运/19 座以下	8	50	不准延期
	其他营运车	10	50	可延长 5 年
	小型非营运	10	50	可延长 5 年
货车	低于 1.8 吨	8	30	不准延期
	可拖挂的货车	8	40	可延长 4 年
	1.8 吨至 6 吨	10	40	可延长 5 年
	其他	10	40	可延长 5 年

2012 年 12 月商务部、发改委、公安部和环境保护部联合发布了《机动车强制

报废标准规定》（见表4-10），其中对机动车报废标准做出了大幅度调整，规定非营运的小型、微型载客汽车和大型轿车取消使用年限的强制报废限制，同时将参考行驶里程限制增至60万km，并延长营运的微型、小型和大型出租车行驶里程限制，由50万km增加到60万km。在使用年限方面，除微型和小型出租车仍维持在八年外，其他车辆的使用年限都有不同程度的增加。商务部颁布新标准的初衷是突出安全、环保等技术要素，加强对汽车安全状况和排放情况的要求。但是由于目前国内车辆年检等配套措施不规范、不完善，可能导致大量实际已经不符合要求的汽车继续长时间使用，由此带来严重的道路安全隐患，也不利于鼓励汽车技术的革新和汽车产品的更新换代，这可能会使得存量汽车的排放贡献进一步扩大。

表4-10　机动车使用年限及行驶里程参考值汇总表

<table>
<tr><th colspan="5">车辆类型与用途</th><th>使用年限（年）</th><th>行驶里程参考（万km）</th></tr>
<tr><td rowspan="23">汽车</td><td rowspan="15">载客</td><td rowspan="11">营运</td><td rowspan="3">出租客运</td><td>小、微型</td><td>8</td><td>60</td></tr>
<tr><td>中型</td><td>10</td><td>50</td></tr>
<tr><td>大型</td><td>12</td><td>60</td></tr>
<tr><td colspan="2">租赁</td><td>15</td><td>60</td></tr>
<tr><td rowspan="3">教练</td><td>小型</td><td>10</td><td>50</td></tr>
<tr><td>中型</td><td>12</td><td>50</td></tr>
<tr><td>大型</td><td>15</td><td>60</td></tr>
<tr><td colspan="2">公交客运</td><td>13</td><td>40</td></tr>
<tr><td rowspan="3">其他</td><td>小、微型</td><td>10</td><td>60</td></tr>
<tr><td>中型</td><td>15</td><td>50</td></tr>
<tr><td>大型</td><td>15</td><td>80</td></tr>
<tr><td colspan="3">专用校车</td><td>15</td><td>40</td></tr>
<tr><td rowspan="3">非营运</td><td colspan="2">小、微型客车、大型轿车*</td><td>无</td><td>60</td></tr>
<tr><td colspan="2">中型客车</td><td>20</td><td>50</td></tr>
<tr><td colspan="2">大型客车</td><td>20</td><td>60</td></tr>
<tr><td colspan="2" rowspan="6">载货</td><td colspan="2">微型</td><td>12</td><td>50</td></tr>
<tr><td colspan="2">中、轻型</td><td>15</td><td>60</td></tr>
<tr><td colspan="2">重型</td><td>15</td><td>70</td></tr>
<tr><td colspan="2">危险品运输</td><td>10</td><td>40</td></tr>
<tr><td colspan="2">三轮汽车、装用单缸发动机的低速货车</td><td>9</td><td>无</td></tr>
<tr><td colspan="2">装用多缸发动机的低速货车</td><td>12</td><td>30</td></tr>
<tr><td colspan="2" rowspan="2">专项作业</td><td colspan="2">有载货功能</td><td>15</td><td>50</td></tr>
<tr><td colspan="2">无载货功能</td><td>30</td><td>50</td></tr>
</table>

（续）

<table>
<tr><th colspan="3">车辆类型与用途</th><th>使用年限（年）</th><th>行驶里程参考（万 km）</th></tr>
<tr><td rowspan="4">挂车</td><td rowspan="3">半挂车</td><td>集装箱</td><td>20</td><td>无</td></tr>
<tr><td>危险品运输</td><td>10</td><td>无</td></tr>
<tr><td>其他</td><td>15</td><td>无</td></tr>
<tr><td colspan="2">全挂车</td><td>10</td><td>无</td></tr>
<tr><td rowspan="2">摩托车</td><td colspan="2">正三轮</td><td>12</td><td>10</td></tr>
<tr><td colspan="2">其他</td><td>13</td><td>12</td></tr>
<tr><td colspan="3">轮式专用机械车</td><td>无</td><td>50</td></tr>
</table>

注：1. 表中机动车主要依据《机动车类型术语和定义》（GA802—2008）进行分类，标注＊车辆为乘用车。

2. 对小、微型出租客运汽车（纯电动汽车除外）和摩托车，省、自治区、直辖市人民政府有关部门可结合本地实际情况，制定严于表中使用年限的规定，但小、微型出租客运汽车不得低于六年，正三轮摩托车不得低于 10 年，其他摩托车不得低于 11 年。

本研究需要对中国轻型车的使用年限做出假设。根据上述现行车辆强制报废标准，发现在我国不同类型车辆的报废标准不同，因此其使用年限也有所区别。本书所指轻型车包括了乘用车、小型客车、微型客车、轻型货车和微型货车。采用保有量加权平均的方法计算我国轻型车的平均使用年限。2006 年我国轻型车保有量为2 972 万辆。其中，乘用车和客车共2 395 万辆，约占轻型车总量的80. 6%；轻型货车共532 万辆，约占轻型车总量的 17. 9%；微型货车共45 万辆，约占轻型车总量的 1. 5%。考虑到在全国大力度治理空气污染的背景下，随着主要城市和地区汽车尾气排放标准不断提高，车辆的更新换代速度加快，很多车辆还没有达到使用年限时就已被淘汰。因此，本书在对车辆使用年限进行计算时，参考了水平较低的旧报废年限，具体是：乘用车和客车 15 年，轻型货车 10 年，微型货车 8 年，暂不考虑延长使用时间的情况。于是，加权平均法得到目前我国轻型车的平均使用年限为 14 年。考虑到大部分轻型车允许延长使用几年，则适当调高计算值，平均年限取 15 年。假设从现在到 2050 年间我国继续实行车辆强制报废制度，且报废标准不变，则模型假设未来我国轻型车使用年限保持在 15 年。

（二）保有量和销量预测

轻型车保有量预测是根据第四章第一节中国汽车保有量模型预测结果计算得到的。在 2001 年之前，我国汽车统计数据中只包括载客汽车和载货汽车两大类。

在2002年后才出现了小型和微型载客汽车以及轻型和微型载货汽车。根据2002～2007年的统计数据，计算出轻型车在汽车总保有量中的比例基本保持在0.7至0.8之间，且逐年略有增加。本书认为这个比例未来大幅度变化的可能性较小。这是因为，一方面，虽然未来乘用车进入家庭的趋势必然会带动轻型车的快速发展，但是其增长空间会受到各方面条件的制约。另一方面，公共交通、旅游业和物流业的发展规模不容忽视，大中型客车和中重型货车的发展潜力巨大。因此，本书假设轻型车在全部民用汽车中的比例保持在0.8。目前看来中国汽车保有量的发展趋势接近本书的THU400模型预测结果，利用轻型车所占比例假设，即得到2010～2050年我国轻型车保有量增长的预测结果，如表4-11所示。

表4-11 我国轻型车保有量和销量预测

年份	汽车总保有量（THU400，百万辆）	轻型车保有量（百万辆）	轻型车销售量（百万辆）
2010	79.5	63.6	13.0
2015	168.0	134.4	19.0
2020	290.3	232.2	25.0
2025	408.5	326.8	30.0
2030	495.5	396.4	32.0
2035	546.4	437.1	33.0
2040	569.1	455.3	31.0
2045	573.3	458.6	31.0
2050	565.5	452.4	31.0

轻型车销量预测是根据轻型车保有量预测结果计算得到的。计算时采用了轻型车平均使用年限假设，以五年为周期进行。下文将以2030年年底轻型车保有量计算过程为例说明。

设2010年、2015年、2020年、2025年和2030年的轻型车年销售量分别为A、B、C、D和E万辆。假设2011～2015年的平均销量为$\frac{(A+B)}{2}$万辆，那么总销量为$\frac{(A+B)\times 5}{2}$万辆，依此类推。根据15年的平均使用年限假设，进行分步计算。

第一步，考虑2011～2015年的新车。由于这些新车将在2029年之前全部报废，所以在计算2030年年底的轻型车保有量时不予考虑。

第二步，考虑2016～2020年的新车。这部分车辆将在2030～2034年间报废。

本书将五年间的总销量视为整体考虑，假设其以平均速度逐年报废，即每年报废数量相等，那么站在2030年年底的计算时点，2016～2020年的新车应有$\frac{1}{5}$已经在2030年年中报废，另外$\frac{4}{5}$将在2031～2034年间逐年报废，这部分应计入2030年年底的保有量中，即2×(B+C)万辆。

第三步，考虑2021～2030年的新车。这些新车使用时间不超过10年，尚未面临报废问题，应全部计入2030年年底的轻型车保有量中。

根据上述计算逻辑，由轻型车保有量预测结果可以反向推算出轻型车以五年为周期的年销量（见表4-11）。结果表明，中国轻型车销量将在2015年之后突破2 000万辆，预计到2025年增加到3 000万辆，之后逐渐趋于平稳，国内汽车市场呈现饱和态势。

每年销售的新车中柴油车的比例是模型的关键参数，因为汽油车和柴油车在计算燃料消费量时需要区别对待。根据2000年的新车销量数据，计算得到中国轻型车市场上柴油车的比例大约为21.3%，如表4-12所示。

表4-12　轻型车销量结构和柴油车比例

2000年	轻型货车（万辆）	微型货车（万辆）	小型客车（万辆）	微型客车（万辆）	乘用车（万辆）	总计（万辆）
柴油车	31.10	0.08	7.02	0	0	38.20
轻型车	38.58	13.23	25.45	40.92	61.44	179.61
柴油车在轻型车中所占比例（%）						21.3

（三）年均行驶里程

年均行驶里程是模型计算时一个非常重要和敏感的参数，直接影响到燃料总消费量的多少。但是，现实中各种车辆的年均行驶里程是高度分散化的，载客汽车和载货汽车、营运和非营运车辆的年均行驶里程都有很大差别。另外，城市规模的大小、经济发展水平、车辆拥有者类型也会影响所在城市车辆的年均行驶里程，因此试图描述全国轻型车年行驶里程的平均水平是比较困难的。现有的研究结果大部分是针对比较有代表性的城市，对乘用车或轿车出行情况进行的调查。申威[22]对我国几个大中城市的乘用车年均行驶里程进行了详细的调研，发现北京市乘用车的年均行驶里程高达23 250km，上海市乘用车的年均行驶里程更高，约为25 450km，重庆市的乘用车年均行驶里程也基本维持与北京、上海同样的高水平，有22 400km，其他中小城市估计也会保持在23 000～25 000km之间。考虑到轻型车中除了乘用车，还有相当数量的小型和轻型客车、微型和轻型货车，这些车辆的使用频率比乘用车少，因此考虑将轻型车的年均行驶里程数适当下调为20 000km。

（四）燃料结构

为了估计轻型车燃料结构的现状，本书对近年来我国各种车用燃料的使用情况进行了调查。目前我国轻型车燃料仍然以常规汽油和柴油为主，乙醇汽油（乙醇以一定体积比例混入常规汽油）、生物柴油、天然气（压缩天然气 CNG 和液化天然气 LNG）、液化石油气（LPG）、电力等也有一定范围的应用。其他替代燃料（如燃料电池等）目前还处于实验室开发和小规模示范阶段，尚未得到广泛使用。

21 世纪初期，基于对石油安全的关注，以及解决粮食产量持续走高、大量陈化粮积压的现实问题，中央政府决定在河南、安徽、吉林以及黑龙江四个粮食主产区发展一定规模的以玉米和小麦为原料的燃料乙醇，用于配制含乙醇 10% 的车用乙醇汽油（E10）。2005 年全国车用燃料乙醇消费量 102 万吨，且全部是粮食乙醇。近些年，非粮乙醇（以木薯为原料）开始在广西地区生产和使用，规模约为每年 20 万吨。国内其他地区也开始尝试使用各种类型的车用乙醇。但是，目前乙醇燃料的使用相对于我国车用燃料总消费量而言规模还比较小。2005 年生物柴油产量约为 10 万吨，数量非常少，忽略不计。

以天然气和液化石油气为燃料的汽车已在我国得到较为广泛的应用。2001 年我国有 CNG 公共汽车 1.15 万辆，LPG 汽车 0.66 万辆，其余为 CNG/LPG 出租车。2005 年 CNG/LPG 汽车共 24.3 万辆，其中 CNG 公共汽车增加到 3.36 万辆，LPG 汽车增加到 1.73 万辆。2006 年年末，天然气汽车保有总量约为 45.00 万辆[23]，其中公交车约为 3.87 万辆[24]，出租车约为 41.13 万辆。

（五）燃料经济性

轻型车的平均燃料经济性参数直接关系到燃油消费量的多少，是模型重要的输入数据之一，包括在路行驶的汽油车和柴油车、新销售的汽油车和柴油车的平均理论油耗与实际油耗。平均实际油耗由直接调研得到，按照实际油耗与理论油耗之比1.2可以计算出平均理论油耗。

本书根据新浪网汽车频道油耗版块的网友自助调查数据库[1]，选取了按照参与调查车型数量排名前20名的19 814份调查结果，得到轿车的平均油耗为9.4L/100km，如表4-13所示。根据判断该数值应为2007年在路行驶的汽油轿车的实际油耗平均值，估算2005年的实际平均油耗约为9.7L/100km，则2005年的在路行驶汽油轿车的理论油耗平均值约为8.1L/100km。

表4-13 新浪网关于汽车油耗的部分调查结果

品牌	样本数	平均油耗(L/100km)
标致307	2 098	9.7
宝来	2 052	9.8
高尔夫	1 112	9.9
奥迪A4	60	11.9
骏捷	1 306	9.2
帕萨特	2 235	11.1
QQ	1 895	6.7
天籁	662	12.7
夏利	2 450	6.5
伊兰特	4 257	10.7
桑塔纳基本型	453	9.2
桑塔纳1.8手	117	8.9
桑塔纳2000时代骄子	105	9.1
桑塔纳2000时代超人	193	9.0
捷达王CT	88	8.2
速腾1.6时尚型5速手动	209	8.7
速腾2.0/2V时尚型5速手动	126	9.8
标致206	171	9.1
标致206 1.4MT	119	7.7
04款富康舒适型MT AXC—1.6	106	9.1
总计	19 814	9.4

通过调查和估算得到，2005年在路行驶柴油车的理论油耗约为9.0L/100km（柴油），换算成等量汽油[2]表示约为11.0L/100km。加权平均法计算得到在路行驶轻型车的理论油耗平均值约为8.7L/100km，由此估算得到2010年在路行驶轻型车的理论油耗平均值约为8.1L/100km。

对于汽油新车的油耗，选取2005年的轿车销量数据进行分析。根据调查，市场上在售的1.0L及其以下微型轿车的平均实际油耗约为6.5L/100km，1.0～1.6L普通（经济）级轿车的平均实际油耗约为8.0L/100km，1.6～2.0L中级轿车的平

[1] 新浪网汽车频道油耗版块网友自助调查数据库，http://data.auto.sina.com.cn/oil_use/，摘录时间是2008年3月。

[2] 柴油与汽油按照0.82:1进行换算，该数值不但与汽油和柴油的热值比有关，更主要地取决于汽油机和柴油机的转换效率，称为指示热效率或指示燃料消耗率。汽油热值10 300kcal/kg，柴油热值10 200kcal/kg。

均实际油耗约为9.5L/100km，2.0L以上高级轿车的平均实际油耗假设为10.5L/100km。同年这四种车型在轿车总销量中所占比例分别为24%、42%、18%和16%，加权平均得到轿车实际油耗平均值8.3L/100km，折算成轿车理论油耗平均值是6.9L/100km。通过调查和估算，2005年在路行驶的柴油新车理论油耗约为8.5L/100km（柴油），换算成等量汽油表示约为10.4L/100km。加权平均法计算得到2005年在售轻型车新车的理论油耗平均值约为7.6L/100km。估算得到2010年在售轻型车新车的理论油耗平均值约为7.3L/100km。

从2009年起，我国工业和信息化部网站开始发布“轻型汽车燃料消耗量通告”，包括了上万种车型在市区工况、市郊工况和综合工况的油耗数据，且大部分是市场上的最新车型[⊖]。参考该数据库，本书计算得到的轻型车燃油消耗值基本合理。

（六）生命周期 CO_2 排放系数

我们通常关注的是机动车在行驶过程中造成的燃料消费和温室气体排放。但是，事实上从车用燃料的生产阶段开始，能源消费和温室气体排放就已经产生了。因此，为了全面和深入地理解整个车用燃料系统的能耗及排放问题，需要采用生命周期评价方法和WTW分析的概念（详见第二章第五节介绍）。

汽车燃料的生命周期排放是指在燃料循环过程中产生的所有排放，包括了车用燃料在资源开采和运输、燃料生产、燃料运输、燃料分配和存储以及燃料使用的整个生命周期过程中相关的全部排放。在燃料的使用阶段，需要与特定的发动机技术相结合。这种生命周期分析被称为“从矿井到车轮”的研究（WTW分析）。它通常包括两部分，即描述燃料上游阶段的“从矿井到油箱”（Well-to-Tank，WTT）分析和描述燃料下游阶段的“从油箱到车轮”（Tank-to-Wheel，TTW）分析。

研究我国中长期汽车部门的 CO_2 减排路径，应该从生命周期思想出发，建立全面衡量燃料循环过程的合理标准，筛选出能够真正实现节能和减排目标的技术

⊖ 工业和信息化部网站“轻型汽车燃料消耗通告”查询地址：http://gzly.miit.gov.cn:8090/datainfo/miit/babs2.jsp，截至2011年2月15日，该数据库内共有11 551种轻型车产品的记录。

路径，从而实现对传统汽柴油燃料的有效替代。为此，下文计算轻型车 CO_2 排放时将选用 WTW 分析结果，即分别利用 WTT 排放因子和 TTW 排放因子计算不同品种替代燃料与汽车技术组合路径的全面减排效果。

1. WTT 排放因子。WTT 分析描述的是燃料循环的上游阶段“从矿井到油箱”的生产链过程，包括资源开采和运输、燃料生产、燃料运输、燃料分配和存储等环节。为了观察不同减排技术路径的整体减排效果，需要确定从 2010 年到 2050 年传统燃料和各种替代燃料的 WTT 排放因子。本书采用的 WTT 排放因子如表 4-14 所示。其中，2010～2020 年的数据来自张阿玲、申威、韩维建和柴沁虎[25]的研究结果；2020～2050 年的 WTT 排放因子是假设每五年技术进步率为 5% 计算而得到的（复利计算法）。

表 4-14　中国 WTT 排放因子　（gCO_2-eq/MJ）

	2010 年	2015 年	2020 年	2050 年
汽油 93#	19.0	18.1	17.1	12.6
柴油 0#	18.5	17.5	16.6	12.2
CNG	11.9	10.7	9.6	7.0
LPG	11.8	11.2	10.6	7.8
乙醇（玉米）	111.9	101.2	90.5	66.6
乙醇（木薯）	100.2	84.8	69.3	50.9
乙醇（纤维素）	14.4	13.8	13.2	9.7
电力	216.3	196.3	176.4	129.6
电力（w/CCS）	—	—	138.1	42.6
氢（天然气集中）	132.3	129.9	127.5	93.7
氢（天然气现场）	169.7	156.2	142.7	104.9

对与电力生产过程中产生的排放，考虑了两种情形，即传统电力和附加碳捕获与封存技术的电力。计算传统电力的 WTT 排放因子时假设的中国电力生产结构如表 4-15 所示。2015 年，全国发电量结构中火电占 73.7%。但是，随着风电、光伏发电等可再生能源电力的快速发展，预测 2020 年和 2050 年煤电机组发电量将分别降低到 60% 和 40%。

表 4-15　中国电力生产结构的历史和预测　（%）

年份	残油	天然气	煤炭	核电	生物质	其他
1990	4.2	12.3	52.5	19.0	1.1	10.9
1995	2.2	14.8	51.0	20.1	1.2	10.7
2000	2.9	15.8	51.7	19.8	1.1	8.7

（续）

年份	残油	天然气	煤炭	核电	生物质	其他
2005	3.5	0.3	78.6	2.3	0.2	15.1
2010	2.4	3.0	70.0	3.0	1.3	20.3
2020	1.6	7.0	60.0	3.5	2.1	25.8
2050	0.0	3.0	40.0	10.0	2.0	45.0

注：表中数据摘自参考文献［26］。

虽然目前碳捕获和封存技术在世界范围内尚处于理论探讨阶段，相关的实践经验并不多，仅有四个小型实验项目，但是由于 CCS 减少 CO_2 排放的效果非常显著，因此目前仍被视为实现大规模 CO_2 减排的希望所在。如果中国能够在 2020 年左右或稍晚些开始采用 CCS 技术，那么无疑将大大减少电力部门的 CO_2 排放。在这种情形下，CCS 的减排效果是否具有显著的“溢出效应”，能否惠及汽车部门，能否对减缓汽车部门未来的 CO_2 排放压力做出贡献，需要通过模型的分析得出。

申威给出的 WTW 分析结果综合考虑了未来中国的电力结构，但是没有包括 CCS 技术，是不含碳捕获系统的电力 WTT 排放因子。根据 IPCC 的文献[27]，目前的 CO_2 捕获技术的捕获率最高可以达到 85% ~95% 。同时，由于增加了碳捕获系统，发出单位电力需要多付出 10% ~40% 的电力。

举例说明。例如，某火电厂为了提供 1MJ 的电力，传统方式下将产生 CO_2 排放量为 A，该数值即可视为没有配备碳捕获系统的传统火电厂的 WTT 排放因子。如果对该火电厂进行改造，加装碳捕获系统，那么在排放量 A 中，有一定比例的 CO_2 将通过碳捕获系统被回收并储存起来，该比例记为 c%，只有剩余的（1 - c%）的 CO_2 会实际排放到大气中。但是需要注意的是，碳捕获系统进行回收的过程也需要消耗额外的电力（即内部消耗），设为 x MJ。那么该电厂实际需要生产的电力是 $(1+x)$MJ，并网后可供终端部门使用的电力是 1MJ，另外 x MJ 电力供碳捕获系统使用，而这额外的 x MJ 电力在生产过程中也会产生 CO_2 排放。由于提供 1MJ 的电力将产生 CO_2 排放量为 A，那么在进入碳捕获系统之前，生产环节排放的全部 CO_2 为 $A\times(1+x)$。经过碳捕获系统的处理，被捕获的 CO_2 为 $A\times(1+x)\times c\%$，剩余实际排放到大气中的 CO_2 是 $A\times(1+x)\times(1-c\%)$。利用该公式计算出配备碳捕获系统的电力 WTT 排放因子（见表 4-14）。

假设 2020 年我国火电厂能够实现碳捕获的商业化应用，那么首先会从大型火电厂开始，逐步推广。某些火电厂的实际碳捕获率可能达到 50% 或更高。但是，从全国火电厂的整体排放意义上看，平均的碳捕获率估计为 30%，捕获设备所需提供的额外电力设为 10%。根据申威的中国 GREET 模型计算得到 2010 年和 2020 年火电平均的 WTT 排放因子分别为 301.5g/MJ 和 277.5g/MJ。配备碳捕获系统后的火电平均 WTT 排放因子为 213.7g/MJ，此时火电占电网结构的 60%，则电网的平均 WTT 排放因子为 138.1g/MJ。

展望 2050 年，如果碳捕获技术得到大范围应用，那么我国火电厂将全部加装碳捕获设备，实际捕获率设为 90%，也就是全国火电厂的平均捕获率。捕获设备所需提供的额外电力设为 30%。火电的平均 WTT 排放因子将降低到未配备捕获设备时的 13%，估算电网的平均 WTT 排放因子为 42.6g/MJ。考虑碳捕获影响后的逐年电网平均 WTT 排放因子结果如表 4-14 所示，其中 2020 年和 2050 年为估算值，其余年份由线性插值法计算得到。

2. TTW 排放因子。TTW 分析描述的是燃料下游“从油箱到车轮”的使用阶段，主要是指燃料与特定的汽车发动机技术相结合，产生动力同时排放出污染物的过程。虽然不同的车用燃料和发动机配合的方式不同，消耗的燃料和产生的排放也不一样，但是对于我们的研究对象 CO_2 而言，根据碳元素的守恒原理，很容易计算出各种路径的 TTW 排放因子。

传统的化石燃料，如汽油、柴油、CNG、LPG 等，主要是由 C、H、O 三种元素组成的多种复杂化合物的混合物，并且对某一种燃料而言，三种元素的相对比例是稳定的，也就是说具有固定的含碳率。在发动机内燃烧产生热量并为汽车提供动力之后，燃烧后的产物（如 CO_2、SO_2 等）将通过汽车尾气的形式排放出来。假设碳元素在发动机内得到了完全燃烧，那么其产物 CO_2 中的碳的质量与汽车消耗的燃料中所含的碳的质量应该相等。利用物质守恒原理计算出含碳燃料在 TTW 阶段的排放因子。

替代燃料的 TTW 排放因子的计算思路不完全相同。对燃料乙醇（C_2H_5OH）而言，虽然其分子式中也含有碳元素，在车辆使用阶段通过发动机燃烧也会产生 CO_2，但是考虑到生产乙醇的原料来源于玉米、小麦、木薯或秸秆等生物质资源，其所包含的碳是在植物种植和生长过程中从大气里吸收得到的。相比化石能源再生的过程，生物质燃料的再生周期短，容易实现，因此被称为可再生能源。从这个角度考虑，排除在生产和运输过程中间接消耗能源引起的 CO_2 排放，生物质乙醇并没有因为作为燃料使用而直接导致大气中的 CO_2 排放量增加，仅仅是作为媒介，起到了在短时期内储存碳的作用。如果在 WTT 分析中计算生物质乙醇上游生产过程时已经考虑了生物质吸收碳和放出碳两个过程的抵消效果，那么在 TTW 分析中认为生物乙醇使用阶段不产生 CO_2 排放。

除了生物质燃料外，电力和氢能也被称为非常有前景的车用替代燃料，主要原因就是它们在车辆使用阶段不会产生除了水之外的任何污染物排放，TTW 排放因子为零。仅从这一点上来说，它们确实是清洁无污染的。但是，电力和氢能作为二次能源，其生产过程却需要消耗大量传统能源，从而带来数量可观的间接排放，甚至比传统汽、柴油生产过程的间接排放还要多，并且成本高昂。因此，只有从生命周期的角度全面衡量替代燃料的真实情况，才能找到具有真正 CO_2 减排意义的理想选择。

四、浓度稳定目标分解原则和方法

第二章第七节对现有的温室气体减排责任分配方法进行了总结。一般而言，充分体现公平因素的分配原则会导致复杂的系统和较高的数据要求，如“两个趋同”原则；规则简单且易于操作的分配方法会在一定程度上损伤公平性，如紧缩与趋同原则。可见，科学合理的分配方法的关键是能够在公平性和可操作性之间找到最佳平衡点。为得到浓度稳定目标的分解目标，本书遵循“共同但有区别的原则”思想，介绍一种针对交通部门的简单可行方法及其操作流程。

浓度稳定目标分解是先后在部门层面和国家层面进行的。为了理解分解过程，需要详细解释本书采用的分解原则。分解原则可以概括为“一个必要前提”“一个重要假设”和“一个趋同原则”。

“一个必要前提”。由于各种复杂的历史原因，目前世界上不同国家和地区处于社会发展的不同阶段。发达国家（例如美国、日本、欧洲国家）已经完成了工业化和现代化，居民生活非常富裕。发展中国家（例如我国、印度、拉丁美洲等）目前和近期内都将处在工业化进程中，人均生活水平还有待提高。不同地区的经济发展水平差异很大，实现现代化与提高生活水平对交通部门的服务需求和依赖程度也截然不同。因此，有必要认识到，部分发展中国家交通需求的自然增长现象是合理的，必须承认并接受这些国家汽车保有量的适度增加，这涉及平等发展的权利问题，公平原则是探讨气候变化问题的重要前提。由于发展中国家所处的特定历史阶段，谋求经济和社会发展是其面临的最主要任务，应该满足其发展阶段对交通部门提出的客观要求。因此，本书在进行浓度稳定目标分解时，对我国社会经济发展和交通工具保有量增长采取了自然发展假设，具体到轻型车部门，选择了 THU400 模型预测得到的汽车保有量增长结果作为测算基础。

在本章第一节中，利用 MAGICC/SCENGEN 模型生成了 WRE 廓线，以此作为全球 CO_2浓度稳定目标，如图 4-8 所示。以 2000 年为基年进行百分率变换，即可得到曲线形状相似的 WRE% 廓线，如图 4-9 所示。这里采用了“一个重要假设”，即全球不同的产业部门为了实现稳定性廓线而减少 CO_2 排放时，行动步调是一致的，采取了同样的减排速度。换句话说，本书暂时不考虑不同的产业部门之间承担减排责任的公平问题，也不讨论不同的部门主体减排能力的差异和自主选择的权利，简单假设不同行业采取“齐步走”方式减排，未来几十年的年排放变化率（相对于基年 2000 年）相同，都遵从 WRE% 廓线的趋势。根据这个重要假设，将全球交通部门的排放视为整体，其排放限额即为 WRE% 廓线。同样的道理，如果假设交通部门内部也采取“齐步走”方式，不考虑交通部门结构调整带来的影响，那么轻型车部门的浓度稳定目标也可以采用 WRE% 廓线。这是一种为了实现全球 CO_2浓度稳定目标在部门之间的分解而采取“化繁为简”的处理办法。

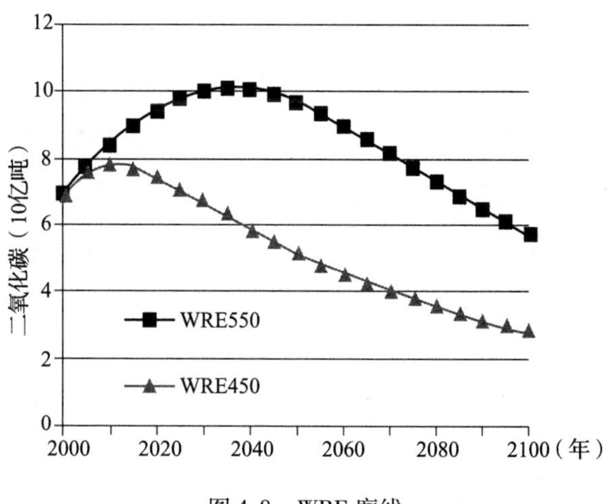

图 4-8 WRE 廓线

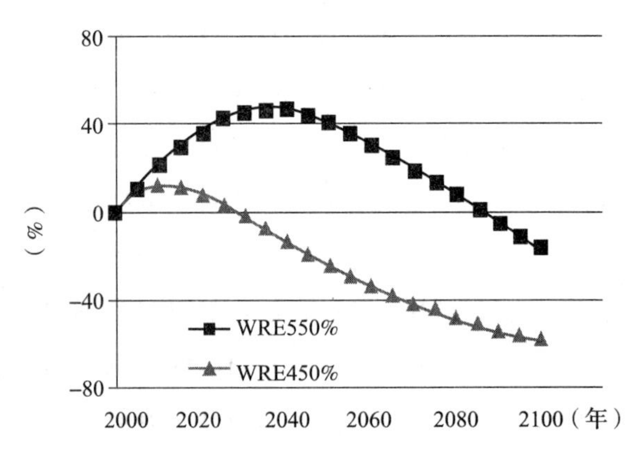

图 4-9 WRE 廓线变化率曲线（相对于基年 2000 年）

在完成了浓度稳定目标在部门之间的分解，得到了全球轻型车部门的排放空间后，下一步是考虑浓度稳定目标在国家之间的分解。在全球轻型车部门的整体排放限额中，根据“共同但有区别”的思想，分解出不同国家和地区的 CO_2 排放限额。本书提供了一种相对公平的分解方法，逐步实现“一个趋同原则”。这里我们以 2000 年为基年，2050 年为远期目标年份，分三个阶段进行。

第一个阶段，2000 ~ 2010 年。这段时间内轻型车部门的技术和政策已经成为无法改变的客观事实，因此，必须面对现实，接受这期间轻型车产生的所有 CO_2 排放。

第二个阶段，2010 年至 2020 年或 2025 年，视为过渡期。这是因为目前不同国家在轻型车技术方面存在不可忽视的差距，一方面，汽车制造技术和燃料生产技术领先的国家（多为发达国家）已经具有了率先减排的可能性，因此假设他们在这段过渡期内采用较快的减排速度，承担较多的减排责任。另一方面，技术发展比较落后的国家和地区（多为发展中国家）有可能利用这个过渡期努力追赶，在逐步缩小与发达国家之间技术差距的同时，也采用合适的减排速度，适当承担一定的减排责任。

第三个阶段，过渡期后直至 2050 年，视为趋同期。通过为所有国家和地区寻找一个共同的减排速度的做法，使得各国轻型车部门的减排步伐趋于相同，并以此构建各地区轻型车的 WRE% 曲线。

具体的做法是，根据轻型车的 WRE% 曲线和基年排放值（历史数据）得到全球轻型车的 WRE 排放廓线。通过调整各个国家传统汽油车的燃料经济性改善速度，得到各国轻型车相应的排放量，并使其总规模尽量与 WRE 廓线吻合。在 2010

年前保持现状，在2010至2030年间区别对待，发达国家的燃料经济性提高速度稍快，技术落后国家的速度稍慢，在2030年以后各国燃料经济性的提高趋近于统一的速度。需要特别说明的是，以传统汽油车的燃料经济性提高速度作为重要变量（以相对于基年的百分比表示），只是一种假想的燃料经济性改进过程，或者说是CO_2减排方式，这种做法的目的是对各国的排放空间进行分配，不涉及减排技术评估、减排政策设计等问题，因此不需要考虑这种改进过程是否技术可行。

根据上述分解原则和方法得到了CO_2浓度稳定目标分解的结果，分为全球和国家两部分。第一部分，得到了全球轻型车的浓度稳定目标廓线的变化率曲线，记为World450%和World550%，以相对于基年的变化率表示。对比World%曲线和WRE%曲线（见图4-10），发现它们并没有完全重合，表面上看好像相对于全球平均温升对应的CO_2浓度稳定目标的要求还有一定差距。这是由于轻型车部门现有存量部分的大规模“惯性排放”造成的。已有的在路行驶的汽车、已有的燃料供应体系、已有的交通出行模式等现实状况是难以在短时间内通过成本有效的方式得到迅速改善的，可以改进的只有逐年新增的很小部分，即每年的新车销量。因此，CO_2排放总量主要受存量汽车的影响，具有相当大的惯性，在短期或中期内很难迅速扭转持续快速增加的趋势，不可能在每个时间点上实现与WRE%曲线的完全吻合。但是，如果我们站在2050年的时点，着眼于累计的CO_2减排量，就会发现World%曲线和WRE%曲线的实际减排效果是基本相当的。原因是各个地区在这个假想的燃料经济性改善条件下产生的累计减排率与上述全球轻型车部门WRE%曲线下的累计减排率（以WRE%曲线和World%曲线下的面积表示）基本相等。这种处理允许前期透支一部分碳排放空间，而在后期对这部分透支实行补偿。虽然这种做法实际上调整了碳排放的轨迹，但是相比理论化的目标，WRE%曲线是更加贴近现实、更具有可操作性的。而且，由于CO_2在大气中的寿命长达150年以上，在本书研究的时间跨度内调整碳排放轨迹而产生的误差是可以接受的。

第二部分，得到了不同国家轻型车的CO_2浓度稳定目标廓线的变化率曲线，记为CHINA450%、NA550%[㊀]等，代表了各个国家或地区轻型车部门的碳排放空间，以相对于基年的变化百分比表示，如图4-11和图4-12所示。我国轻型车CO_2排放

㊀ 字母NA代表北美地区；数字450和550分别指450ppmv和550ppmv浓度稳定目标。

空间的变化范围很大，呈现出近期增速快速升高，中期到达峰值后迅速下降，远期增速逐渐减慢的趋势。其他国家和地区的轻型车的 CO_2 排放空间的变化却相对比较平缓。这主要有两方面原因。一方面是由各个国家轻型车处于不同的发展阶段所引起的。未来几十年我国轻型车总量将迎来成倍的增长，必然需要成倍的排放空间。即使采用最先进的技术，这种排放规模的急剧放大也是无法避免的。但是，对于北美和欧洲国家，轻型车市场早已呈现出饱和态势，保有量变化幅度较小，CO_2 排放量也比较稳定，其排放空间先小幅增加后逐渐降低到2000年以下水平是比较现实的。另一方面是需要充分考虑历史因素和公平原则，允许排放量先合理增长然后再逐渐降低的分配机制。虽然中国轻型车 CO_2 总量减排的起步时间较晚，但是由于轻型车还处于发展初期，其碳排放现状相比其他国家有很大优势，所以从单车减排的角度看，我们并没有落后，完全符合“负责任发展”的承诺。

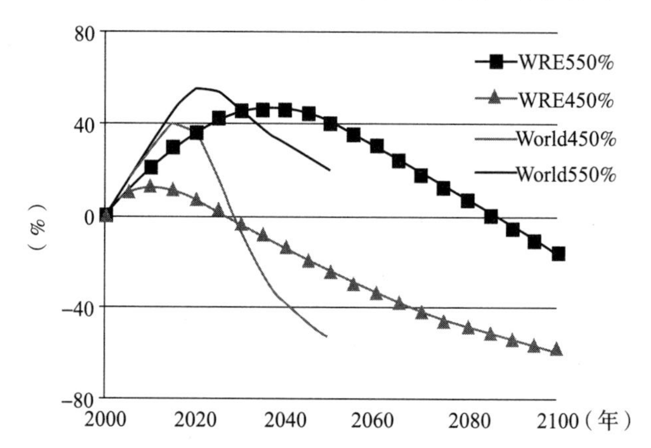

图4-10　廓线的变化率曲线 World450%、World550% 与 WRE% 对比

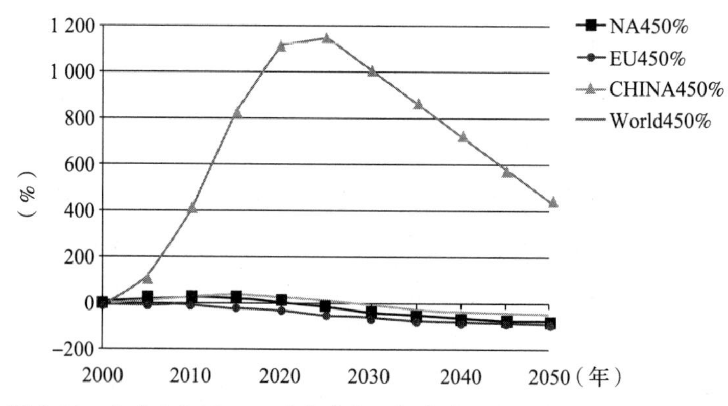

图4-11　全球和各国 CO_2 浓度稳定目标廓线的变化率曲线（450ppmv）

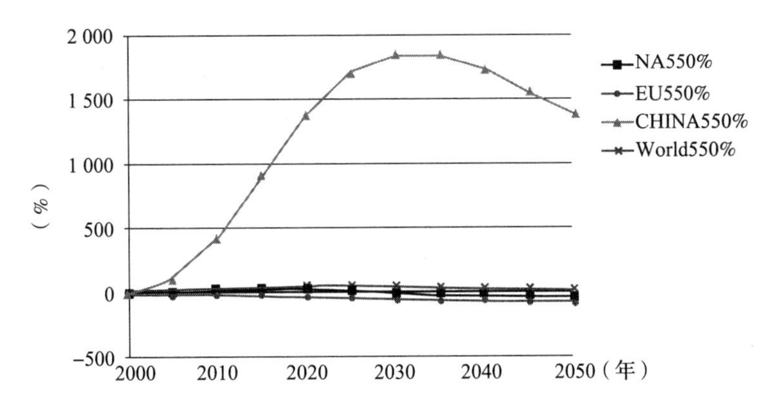

图 4-12 全球和各国 CO_2 浓度稳定目标廓线的变化率曲线（550ppmv）

根据全球和各国的 CO_2 浓度稳定目标廓线的变化率曲线，结合 2000 年轻型车部门的实际 CO_2 排放计算值，得到未来 40 年满足 450ppmv 和 550ppmv 浓度稳定目标的全球轻型车排放空间（记为 World450 和 World550），以及各国的轻型车排放限额（记为 CHINA450，NA550 等），以 CO_2 排放的绝对数量表示，如图 4-13 和图 4-14所示。两个图中的 WorldBAU 代表的是“一切照常”情景，即保持各国轻型车的燃料经济性维持现状时，轻型车部门 CO_2 总排放量的发展情况。根据计算，为了实现 550ppmv 浓度稳定目标，2020 年和 2050 年全球轻型车 CO_2 排放量需要分

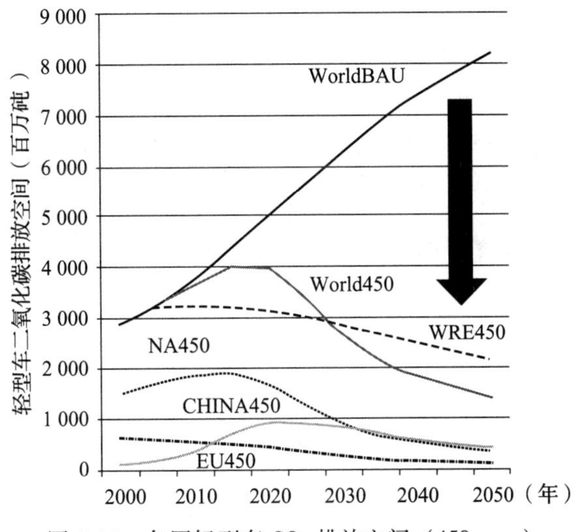

图 4-13 各国轻型车 CO_2 排放空间（450ppmv）

别下降相当于 WorldBAU 情景中排放量的 11% 和 58%。450ppmv 浓度稳定目标的要求更加苛刻，2020 年和 2050 年的 CO_2减排任务分别高达 22% 和 83%。然而，即使这样大比例的减少 CO_2，World450 和 World550 曲线与理想的 WRE450 和 WRE550 廓线还是有相当大的差距。上文已经讨论过，由于车辆存量产生的“惯性排放”规模较大，这种偏离是不可避免的。

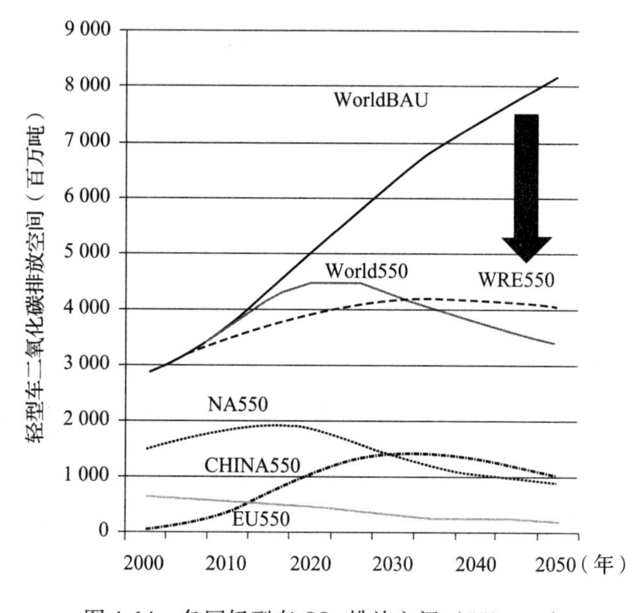

图 4-14　各国轻型车 CO_2 排放空间（550ppmv）

图 4-13 与图 4-14 中的 CHINA450 和 CHINA550 曲线将作为我国轻型车为实现 CO_2 浓度稳定目标所选择的排放限额（排放空间），并作为下一章讨论我国轻型车的稳定目标情景的基础。

为了评估上述分解结果的合理性，将分解得到的 2020 年排放目标与政府目标进行比较。

首先根据 2020 年单位 GDP 的 CO_2排放比 2005 年下降 40% ~45% 目标，计算出 2020 年全国 CO_2目标排放量为 11 121.4 ~ 10 191.9 百万吨。其中，2005 年 GDP 采用《中国统计年鉴》数据，2020 年 GDP 预测值采用表 4-3 中的数据（2005 年不变价格）；2005 年 CO_2排放量采用第三章第二节中提到的各种估算数据的平均值，即5 296 百万吨。然后，将全国 CO_2目标排放按比例转化为轻型车部门的目标排放。

根据第三章对交通部门排放现状的分析结果，在预测2020年交通部门排放占全国排放的比重以及轻型车排放占交通部门排放比例时，考虑了三种可能情况：①维持现状，则交通比重为10%，轻型车占30%；②适度发展，则交通比重为15%，轻型车占40%；③高速发展，则交通比重为20%，轻型车占50%。这三种情况下轻型车部门的政府排放目标与根据550ppmv/450ppmv浓度稳定目标分解得到的排放目标比较如图4-15所示。

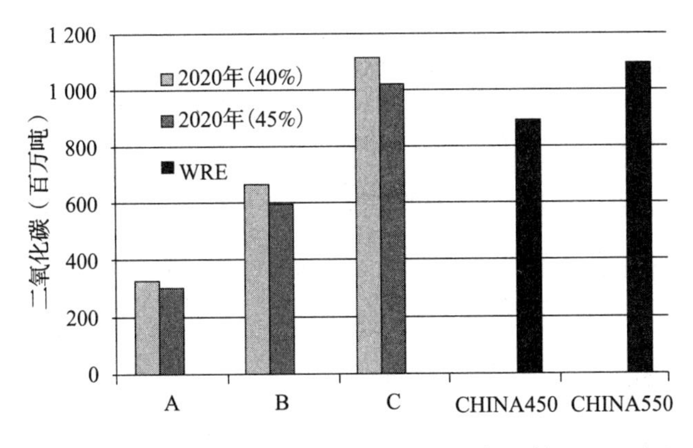

图4-15　排放目标分解结果与政府承诺目标比较（2020年）

（1）如果交通排放比重和排放结构维持现状，那么2020年政府目标排放值约为305.7~333.5百万吨。但是，根据本书的计算，事实上2010年轻型车的排放达到了约374百万吨，已经超出了这个目标。所以，这种情况不太可能出现。

（2）如果交通排放比重和排放结构适度扩大，那么2020年政府目标排放值约为611.5~667.1百万吨，比根据浓度目标分解得到的排放目标CHINA550低约39%~44%，比CHINA450低约25%~31%。换句话说，这种情况下政府目标比本书所采用的排放目标更加严格，实现难度更大。

（3）如果我国交通部门沿袭发达国家的发展模式，交通排放比重扩大到20%左右的高水平，其中轻型车排放达到一半以上，那么2020年政府目标排放值约为1 019.2~1 111.8百万吨，与本书所采用的CHINA550排放目标相近，略高于CHINA450排放目标约13%~20%，差距不大。

综上所述，本节采用WRE550、WRE450廓线和新的分解方法得到的我国轻型车部门2010~2050年的排放目标CHINA550、CHINA450基本合理，与政府目标保持了较好的一致性。因此，本书后续的情景分析和相关结论可以为政府决策者在考虑碳减排行动时提供参考。

本节采用的符号较多且含义复杂，现将所有符号整理说明如表4-16所示。

表4-16 第四章第二节符号含义及说明

符号	含义及说明
450ppmv/550ppmv	CO_2浓度稳定目标，ppmv为百万分之一体积单位
WRE450/WRE550	由MAGICC/SCENGEN模型生成的浓度稳定廓线，简称WRE廓线。描述了CO_2年排放量与浓度稳定目标之间的关系
WRE450%/WRE550%	由WRE廓线以2000年为基年进行变换得到的变化率曲线，简称WRE%曲线，以百分比表示
World450%/World550%	根据稳定目标分解原则得到的全球轻型车部门满足450ppmv或550ppmv排放空间的（以2000年为基年）变化率曲线，简称World%曲线，以百分比表示。该曲线的理论值应与WRE%完全吻合，但是由于采用了排放量补偿法，实际结果偏离了WRE%曲线
CHINA450%/CHINA550%	中国轻型车部门满足450ppmv或550ppmv排放限额的（以2000年为基年）变化率曲线，简称Regional%，以百分比表示。NA450%、NA550%、EU450%、EU550%等符号的含义类似。各地区Regional%曲线的累计值与World%曲线重合
World450/World550	根据World450%、World550%曲线和2000年全球轻型车部门CO_2排放量基准值计算得到的排放空间，以CO_2排放量绝对值表示
CHINA450/CHINA550	根据CHINA450%/CHINA550%曲线和2000年中国轻型车部门CO_2排放量基准值计算得到的排放限额，以CO_2排放量绝对值表示。NA450、NA550、EU450、EU550等符号的含义类似
WorldBAU	在“一切照常”假设下，全球轻型车部门CO_2排放总量的增长曲线

参考文献

[1] 朱松丽. 私人汽车拥有率预测模型综述[J]. 中国能源，2005，27(10)：37-40.

[2] 朱松丽. 交通需求和交通能源需求预测方法[J]. 数量经济技术经济研究，2004(5)：100-108.

[3] 马艳丽，高月娥. 我国未来汽车保有量情景预测研究[J]. 公路交通科技，2007，24(1)：121-125.

[4] Dargay J, Gately D. Vehicle Ownership to 2015：Implications for Energy Use and Emissions[J]. Energy Policy，1997(25)：1121-1127.

[5] Dargay J, Gately J. Income's Effect on Car and Vehicle Ownership, Worldwide: 1960-2015[J]. Transportation Research Part A, 1999, 33(2): 101-138.

[6] Dargay J, Gately J, Sommer M. Vehicle Ownership and Income Growth, Worldwide: 1960-2030[J]. Energy Journal, 2007(28): 143-170.

[7] 王旖旎. 中国汽车需求预测: 基于 Gompertz 模型的分析[J]. 财经问题研究, 2005(11): 43-50.

[8] 雷冠丽. Gompertz 曲线在耐用商品拥有量预测中的应用[J]. 数学的实践与认识, 1991(2): 1.

[9] 朱珉仁. Gompertz 模型和 Logistic 模型的拟合[J]. 数学的实践与认识, 2002, 32(5): 705-709.

[10] 人民日报. 交通规划专家寻找新出路——城市交通模式新设想[N/OL]. [2008-05-09]. http://www.people.com.cn/GB/paper464/14166/1262289.html.

[11] 刘世锦. 中国汽车在大众消费时代的发展[N/OL]. [2008-05-10]. http://auto.sohu.com/20080417/n256350003.shtml.

[12] 人口计生委发展规划司. 人口发展“十一五”和 2020 年规划[EB/OL]. [2008-11-20]. http://www.chinapop.gov.cn/fzgh/sygh/200804/t20080430_42940.htm.

[13] 国务院发展研究中心产业经济研究部, 中国汽车工程学会, 大众汽车集团(中国). 中国汽车产业发展报告(2008)[M]. 北京: 社会科学文献出版社, 2008: 94, 110.

[14] 周大地, 等. 2020 中国可持续能源情景[M]. 北京: 中国环境科学出版社, 2003.

[15] 石油和化学工业规划院, 中国汽车技术研究中心, 中国汽车工程学会. 中国车用能源与道路车辆可持续发展战略研究[R/DK]. [2008-03-13].

[16] 沈中元. 利用收入分布曲线预测中国汽车保有量[J]. 中国能源, 2006, 28(8): 11-15, 46.

[17] Argonne National Laboratory. Projection of Chinese Motor Vehicle Growth, Oil Demand, and CO_2 Emissions through 2050 [R/DK]. [2008-06-12].

[18] United Nations. Marking the One Year Anniversary of the Paris Climate Change Agreement Celebration and Reality Check [N/OL]. [2016-11-02]. http://

newsroom. unfccc. int/paris-agreement/paris-agreement-anniversary/.

[19] National Academy of Science. Climate Stabilization Targets: Emissions, Concentrations, and Impacts over Decades to Millennia [R/OL]. [2010-09-03]. http://dels. nas. edu/Materials/Report-In-Brief/4344-Stabilization-Targets.

[20] CO_2. Earth. Earth's CO_2 Home Page[EB/OL]. [2011-01-20]. http://www. CO_2. earth/.

[21] 商务部，发改委，公安部，等. 机动车强制报废标准规定[EB/OL]. [2017-12-27]. http://www. mofcom. gov. cn/article/b/d/201301/20130100003957. shtml.

[22] 申威. 中国未来车用燃料生命周期能源、GHG 排放和成本研究[D]. 北京：清华大学公共管理学院，2007.

[23] NGV Global. Natural Gas Vehicle Statistics[DB/OL]. [2011-01-18]. http://www. iangv. org/tools-resources/statistics. html.

[24] 国家环境保护总局. 2006 年中国环境状况公报[M] //国家统计局. 中国环境统计年鉴 2007. 北京：中国统计出版社，2007：219.

[25] 张阿玲，申威，韩维建，等. 车用替代燃料生命周期分析[M]. 北京：清华大学出版社，2008.

[26] 严陆光. 中国能源可持续发展若干重大问题研究[M]. 北京：科学出版社，2007.

[27] IPCC. IPCC 特别报告：二氧化碳捕获和封存，决策者摘要和技术摘要(中文)[R/OL]. [2008-10-18]. http://www. ipcc. ch/ipccreports/srccs. htm.

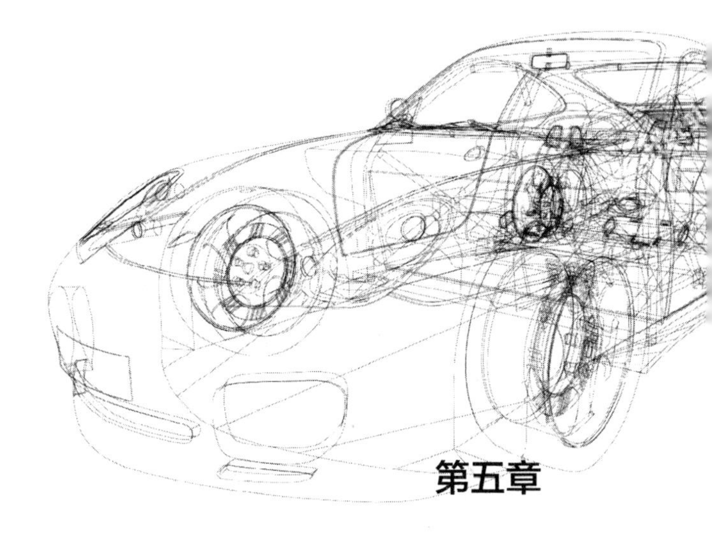

第五章

“2℃”温升目标下中国轻型车的减排情景

本章将利用第四章第二节开发的 WRE_SMP 模型建立中国轻型车未来 CO_2 排放的基线情景、减排情景和稳定情景，比较各种替代燃料、车辆技术路径和管理措施的动态减排效果，探讨实现 CHINA450 和 CHINA550 排放限额的技术潜力与可行性。

目前可用于轻型车的替代燃料和先进车辆技术种类繁多，组合多样。申威[1]探讨了 140 种技术路线的单车生命周期能源消费和排放情况。考虑到我国能源禀赋呈现出富煤、缺油、少气的特点，以及我国国土面积辽阔、生物质资源和各种可再生能源资源储量丰富的条件，本书重点选取了以生物质资源、各种新能源和可再生能源为基础的技术路线，建立减排情景和稳定情景。研究范围包括生物质液体燃料、电力等替代燃料，通过提高内燃机效率、引入混合动力系统、采用轻质车身材料等办法改进传统汽车的燃料经济性，以及应用灵活燃料汽车和插入式混合电动车等汽车技术，配备 CCS 的火力发电技术等。基于生物质和电力的替代燃料发展

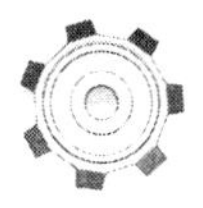

潜力大，是基于我国现实国情的考虑，也具有保障能源安全的战略意义。此外，本章还建立了以限制汽车增长和减少车辆使用为管理手段的政策情景，以及其和技术手段组合的混合情景。各种情景的名称符号如表 5-1 所示。

表 5-1 第五章各种情景名称的含义及说明

情景名称	含义及说明	情景设计
CHINABAU	在“一切照常”假设下，中国轻型车部门 CO_2 排放总量增长的基线情景	
550I/450I	采用传统汽、柴油，以燃料经济性提高为主要技术手段，实现 CHINA550 和 CHINA450 排放限额的稳定情景，数字 550/450 代表稳定目标，字母 I 代表内燃机	车辆技术
B	受未来资源和产能限制的生物质燃料乙醇替代的减排情景，字母 B 代表生物质	燃料技术
550BI/450BI	采用传统汽油车和灵活燃料汽车（Flexible Fuel Vehicle，FFV），以燃料经济性提高和生物质燃料乙醇应用为主要技术手段，实现 CHINA550 和 CHINA450 排放限额的稳定情景，数字 550/450 代表稳定目标，字母 B 代表生物质，I 代表内燃机	车 + 燃料技术
E	受未来销量限制的插入式混合电动车（Plug-in Hybrid Electric Vehicle，PHEV）的减排情景，字母 E 代表电力	燃料技术
EC	受未来销量限制的插入式混合电动车（PHEV）的减排情景，电力生产中考虑了火电厂应用碳捕获和储存技术（CCS），字母 E 代表电力，C 代表碳捕获	车 + 燃料 + CCS 技术
550EI/450EI	采用传统汽油车、少量灵活燃料汽车（FFV）、大量插电式混合电动车（PHEV），以燃料经济性提高和电力应用为主要技术手段，实现 CHINA550 和 CHINA450 排放限额的稳定情景，数字 550/450 代表稳定目标，字母 E 代表电力，I 代表内燃机	车 + 燃料技术
550ECI/450ECI	采用传统汽油车、少量灵活燃料汽车（FFV）、大量插电式混合电动车（PHEV），以燃料经济性提高、电力应用和碳捕获为主要技术手段，实现 CHINA550 和 CHINA450 排放限额的稳定情景，数字 550/450 代表稳定目标，字母 E 代表电力，C 代表碳捕获，I 代表内燃机	车 + 燃料 + CCS 技术
R0	在限制车辆使用的政策下，假设年均行驶里程逐年递减，同时使用少量灵活燃料汽车（FFV）的减排情景，字母 R 代表限制政策，数字 0 代表年均行驶里程递减	管理措施
R1	在限制汽车增长的政策下，假设未来中国汽车保有率饱和水平从 400 辆/千人降低至 200 辆/千人，同时使用少量灵活燃料汽车（FFV）的减排情景，字母 R 代表限制政策，数字 1 代表车辆增长降低	管理措施
550RI0/450RI0	采用限制车辆使用的政策，假设年均行驶里程逐年递减，同时采用提高燃料经济性的技术手段，使用少量灵活燃料汽车（FFV），实现 CHINA550 和 CHINA450 排放限额的稳定情景，数字 550/450 代表稳定目标，字母 R 代表限制政策，数字 0 代表年均行驶里程递减	管理 + 车综合应用

（续）

情景名称	含义及说明	情景设计
450RI1	采用限制汽车增长的政策，假设未来中国汽车保有率饱和水平从400辆/千人降低至200辆/千人，同时采用提高燃料经济性的技术手段，使用少量灵活燃料汽车（FFV），实现CHINA450排放限额的稳定情景，数字450代表稳定目标，字母R代表限制政策，数字1代表车辆增长预测降低	管理+车综合应用
450R1IB	采用限制汽车增长的政策，假设未来中国汽车保有率饱和水平从400辆/千人降低至200辆/千人，同时采用提高燃料经济性的技术手段，使用大量灵活燃料汽车（FFV）和生物质燃料乙醇，实现CHINA450排放限额的稳定情景，数字450代表稳定目标，字母R代表限制政策，数字1代表车辆增长预测降低，字母B代表生物质	管理+车+燃料综合应用

在建立包含汽车燃料经济性提高的情景时，考虑了传统内燃机效率提高、采用混合动力系统以及车身应用大量轻型材料等技术。由于这些技术改进措施同样可以应用于灵活燃料车、插入式混合电动车等其他类型车辆，所以假设其他类型车辆的燃料经济性也会随之提高，并与传统汽油车的燃料经济性保持一定比例。

第一节 基线情景

基线情景又称为参照情景、不干预情景或“照常发展”（Business as Usual, BAU）情景。在分析我国道路轻型车CO_2浓度稳定目标情景之前，最重要的前提工作就是建立基线情景（记为CHINABAU）。根据基线情景与上文得到的CHINA450和CHINA550排放限额计算出轻型车未来减少CO_2的总量要求，这是我们用来评估稳定目标情景的基本参考。

以往的研究主要采用的是排放限额的静态指标，即未来某年的排放量上限。本书采用的CHINA450和CHINA550曲线给出的排放限额不是这一类静态指标，而是积分意义下的动态目标。最近的研究表明，气温升高等气候变化现象与CO_2累计排放量指标密切相关；CO_2累计排放量或排放总量以及由此产生的大气浓度越高，那么变暖的峰值就会越高，持续的时间就会越长；21世纪的碳排放量会从根本上决定最终的影响程度[2]。因此，可以认为只要情景排放与目标排放的曲线积分面积相同，即累计排放量相等，那么就相当于实现了稳定目标。这种方法的优点在于可以根据具体情况调整排放路径，寻求动态最优结果。

一、情景假设

基线情景假设未来几十年中国轻型车没有采取任何额外的以降低 CO_2 排放为目的的政策，可以视为无减排对策情景。这里所说的“额外的以降低 CO_2 为目的的政策”仅限于车辆技术和新型燃料应用方面。换句话说，基线情景中已经考虑了在燃料结构维持现状的情况下，由于燃料（传统汽油、柴油）上游阶段生产技术的自然进步所产生的排放影响。

基线情景中的参数假设如表 5-2 所示。2010 年的参数取值根据是第四章第二节第三小节的数据调研和分析。基线情景假设“一切照常”，因此 2050 年前除 WTT 排放因子外，其他参数取值保持不变。WTT 排放因子取值见表 4-14。

表 5-2 基线情景参数假设

	2010 年	2011 ~2050 年
单车年均行驶里程（km/年）	20 000	20 000
平均燃料经济性理论值（L/100km）	8.1	8.1
平均燃料经济性实际值（L/100km）	9.7	9.7
新车平均燃料经济性理论值（L/100km）	7.3	7.3
新车平均燃料经济性实际值（L/100km）	8.8	8.8
汽油车比例（%）	77.70	77.70
柴油车比例（%）	21.3	21.3
CNG/LPG 汽车比例（%）	1.00	1.00
乙醇使用量（万吨）	150	150
WTT 排放因子	表 4-14	表 4-14

二、CHINABAU 结果分析

基线情景结果和减排目标的比较如图 5-1 所示。在基线情景中，2020 年中国轻型车部门的 CO_2 年排放量将达到 11.9 亿吨，2030 年时超过 20.0 亿吨，2040 年达到最高峰 24.2 亿吨，最终可能会稳定在每年 24 亿吨左右。2020 年、2030 年和 2050 年基线情景排放量分别大约相当于 2010 年实际排放水平的 3 倍、6 倍和 7 倍，相当于 2000 年实际排放水平的 16 倍、28 倍和 32 倍。基线情景排放如此大规模成倍增长的原因是我国轻型车保有量的急剧快速增长。如果不及时采取减排对策，轻型车部门的 CO_2 排放量将迅速增加，排放规模相当惊人。

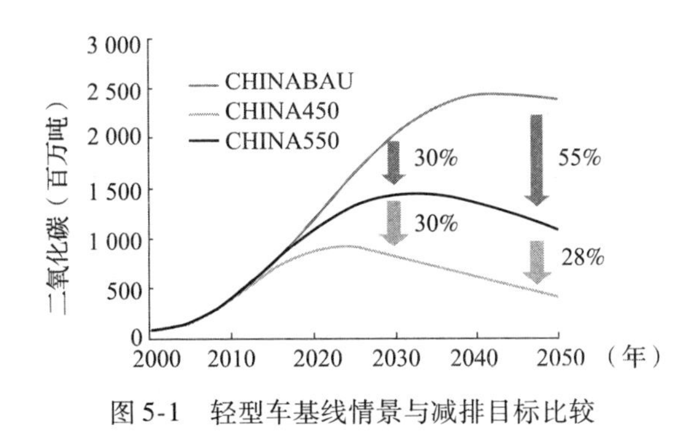

图 5-1 轻型车基线情景与减排目标比较

基线情景排放曲线与减排目标 CHINA450 和 CHINA550 曲线之间的差距，就是未来轻型车部门 CO_2减排的要求。2020 年，为了实现 CHINA550 目标，轻型车需要减排的 CO_2大约是基线情景排放的 9%，如果以 CHINA450 为目标，则需要进一步减排 16%。对于 2030 年，CHINA550 和 CHINA450 分别需要减少基线情景排放量的 30% 和 60%。到远期 2050 年时，基线情景排放与减排目标 CHINA550 和 CHINA450 的差距是 55% 和 83%。可见，为了实现 550ppmv 和 450ppmv 轻型车未来的 CO_2减排任务异常艰巨。

第二节 传统汽、柴油车进步情景

在考虑所有新型燃料和先进的汽车技术之前，首先关注传统汽、柴油车技术进步所产生的 CO_2减排效果，这是基于现实的考虑。因此，本节建立单纯依靠传统汽、柴油和车辆技术进步进行减排的情景，记为 I 情景（I 代表内燃机）。

传统汽、柴油车提高燃料经济性的途径主要有提高内燃机效率、采用混合动力系统，以及大量使用轻质车身材料等。由于假设未来传统汽、柴油车燃料经济性的进步中包括了混合动力系统的贡献，实际上已经考虑了常规混合电动车（Hybrid Electric Vehicle，HEV）的减排作用，因此对此不再单独进行情景分析。燃料经济性的提高不但将直接减少汽油和柴油的消耗，从而减少车辆行驶阶段的 CO_2排放量，而且还间接地减少了汽油与柴油在生产和运输过程中产生的过程排放。因此，提高燃料经济性是目前最有效的减少 CO_2排放的技术手段之一。

2010 年我国轻型车平均燃料经济性的理论值在 7L/100km 左右，具有一定进步的空间。但是，随着时间的推移，车辆技术不断发展，燃料经济性将逐渐接近某个极限值。这是因为，要保证汽车具有正常的动力和加速度，必须有足够的能量供应。否则，一旦油耗过低，能量供应不足，将会导致汽车缺乏动力，行驶速度降低，加速时间延长等问题，使汽车的使用性能受损，对用户造成负面影响。所以，对燃料经济性的进步应该有一个合理的估计，在分析减排情景时充分考虑技术进步的极限值。根据美国福特汽车公司技术专家的意见，一般采用 3.6L/100km（或TTW = 85gCO_2/km）作为轻型车燃料经济性的极限值。

一、550I 稳定情景

单纯依靠提高传统车辆燃料经济性的技术手段生成减排情景。燃料经济性的提高速度和幅度根据 CHINA550 减排目标的需要而确定，生成的稳定情景记为 550I（550 代表稳定目标，I 代表内燃机）。550I 减排情景的主要参数假设如表 5-3 所示。

表 5-3　550I 稳定情景参数假设

排放目标约束：550ppmv	2010 年	2011～2050 年
单车年均行驶里程（km/年）	20 000	20 000
新车平均燃料经济性理论值（L/100km）	7.3	根据目标需要逐年改进
汽油车比例（包括使用燃料乙醇的 FFV）（%）	77.70	77.70
柴油车比例（%）	21.3	21.3
550I 情景乙醇使用量（万吨）	150	150

550I 稳定情景与减排目标的比较如图 5-2 所示。550I 稳定情景与减排目标曲线吻合较好，并且保持曲线下积分面积相同，即累计减排量相等。

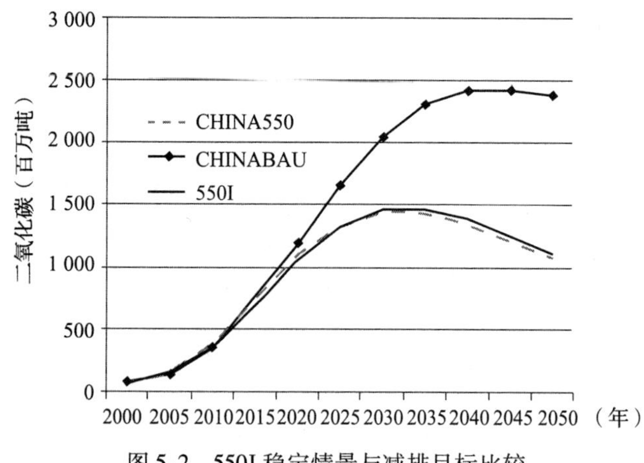

图 5-2　550I 稳定情景与减排目标比较

550I 稳定情景中燃料经济性和单车 TTW 排放的变化趋势分别如图 5-3 和图 5-4所示。未来几十年，燃料经济性提高的累积进步率约为 50%，幅度较大，速度较缓，技术实现有一定难度。但是在 2040 年后，对燃料经济性的要求开始降低至极限值并且逐渐低于该值，超出了目前认为的技术可行性范围。单车 TTW 排放的变化也突破了 85g/km 的限制，印证了在实现减排目标时车辆技术即将遭遇到的瓶颈。因此，以燃料经济性提高作为唯一技术手段追求 550ppmv 稳定目标，在近中期内虽有难度但基本可行，远期则面临较大挑战，需要其他技术手段辅助，否则难以实现。

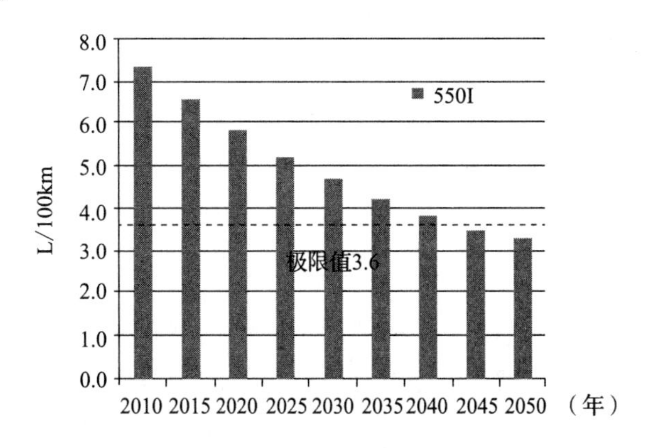

图 5-3 550I 稳定情景的燃料经济性

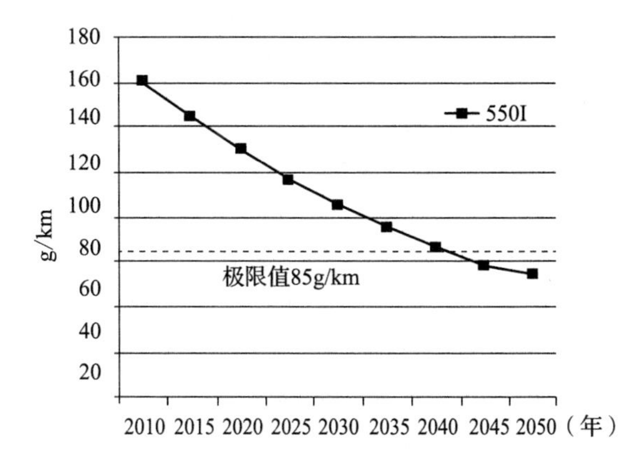

图 5-4 550I 稳定情景的新车平均 TTW 排放

二、450I 稳定情景

将减排目标提高到450ppmv，同样单纯依靠提高传统车辆燃料经济性的技术手段生成排放情景。燃料经济性的提高速度和幅度根据 CHINA450 减排目标的需要而确定，生成的稳定情景记为 450I（450 代表稳定目标，I 代表内燃机）。450I 减排情景的主要参数假设如表 5-4 所示。

表 5-4　450I 稳定情景参数假设

排放目标约束：450ppmv	2010 年	2011～2050 年
单车年均行驶里程（km/年）	20 000	20 000
新车平均燃料经济性理论值（L/100km）	7.3	根据目标需要逐年改进
汽油车比例（包括使用燃料乙醇的 FFV）（%）	77.70	77.70
柴油车比例（%）	21.3	21.3
450I 情景乙醇使用量（万吨）	150	150

450I 稳定情景与减排目标的比较如图 5-5 所示。450I 稳定情景与减排目标曲线吻合较好，并且保持曲线下积分面积相同，即累计减排量相等。与 550I 稳定情景相比，450I 稳定情景的减排量更多、力度更大、时间更紧迫。

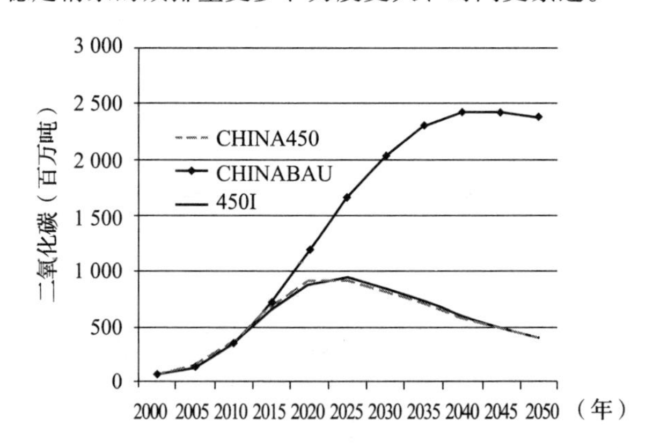

图 5-5　450I 稳定情景与减排目标比较

450I 稳定情景中燃料经济性和单车 TTW 排放的变化趋势分别如图 5-6 和图 5-7所示。一方面，450ppmv 目标比 550ppmv 目标对燃料经济性提出了更加严格的要求。2020 年燃料经济性要达到极限值 3.6L/100km，并且继续大幅度降低，2040 年后达到 1.2L/100km 的极低水平。另一方面，新车的 TTW 排放要求也同样严格。2020 年 TTW 排放需要降低到 85g/km 的极限水平，之后继续减少至 28g/km 左右。目前看来，依靠所有可预见的车辆技术也难以达到上述指标，必须有其他技术或管理手段的辅助，并且在 2020 年之前采取行动才有可能实现 450ppmv 目标。

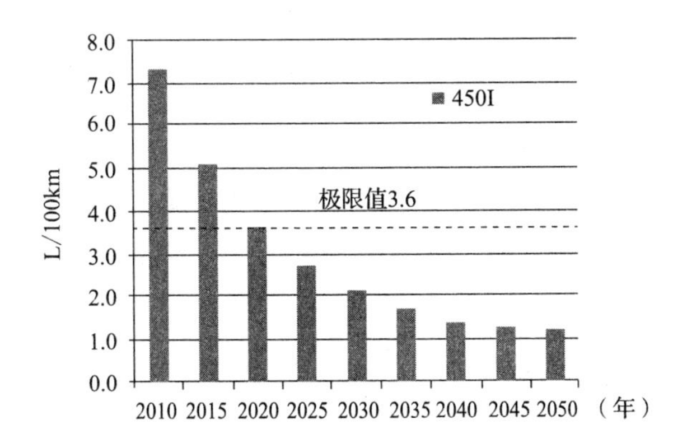

图 5-6 450I 稳定情景的燃料经济性

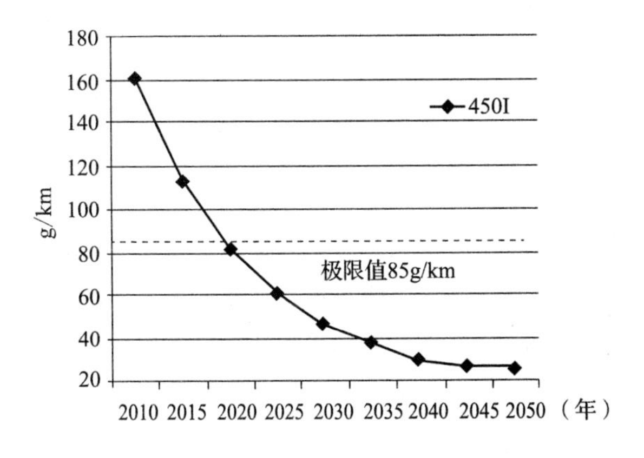

图 5-7 450I 稳定情景的新车平均 TTW 排放

比较图 5-3 和图 5-6、图 5-4 和图 5-7 可知，450ppmv 目标与 550ppmv 目标相比难度大大增加。仅依靠传统汽、柴油和内燃机车辆的技术改进，在目前估计的车辆技术发展的最大限度内实现 550ppmv 目标，中期具有一定可行性，远期却会遭遇技术瓶颈。450ppmv 目标则几乎不具有可能性。

第三节　生物质液体燃料替代情景

生物质能是重要的可再生能源，具有绿色、低碳、清洁、可再生等优点。加快生物质能的开发利用，是推进我国能源生产和消费革命的重要内容，也是改善环境质量、发展循环经济的重要途径。我国生物质能产业发展较快，开发利用规模不断扩大，生物质液体燃料和生物质发电已形成一定规模。在此发展基础上，2016 年国家能源局正式发布了《生物质能发展“十三五”规划》（简称《规划》），这是我国第一份关于生物质能的发展规划。《规划》提出，2020 年前是生物质能面临产业化发展的重要机遇期，“到 2020 年，生物质能基本实现商业化和规模化利用。生物质能年利用量约 5 800 万吨标准煤。生物质发电总装机容量达到1 500万千瓦，年发电量 900 亿千瓦时，其中农林生物质直燃发电 700 万千瓦，城镇生活垃圾焚烧发电 750 万千瓦，沼气发电 50 万千瓦，生物天然气年利用量 80 亿立方米，生物液体燃料年利用量 600 万吨，生物质成型燃料年利用量 3 000 万吨”[3]。

我国生物质资源丰富，转换利用方式多样（见图 5-8）。目前与汽车相关的生物质资源利用方式主要是生物质液体燃料。从最终形态看，生物质液体燃料大致有以下几类：生物质甲醇、生物质乙醇、生物质二甲醚、生物柴油、生物质气体燃料等。其中生物质甲醇、生物质二甲醚以及生物质气体燃料的研究开发尚处在试验阶段，因此近期关注的重点集中在生物乙醇和生物柴油的应用方面。《规划》也提出，要推进燃料乙醇推广应用，并重点加快生物柴油在交通领域的应用等重要任务。生物柴油是以油料作物、油料林木果实为原料。美国的生物柴油原料以大豆为主，欧盟的生物柴油原料以油菜籽为主。目前我国也有一些中小型生物柴油加工厂，原料来源既有地沟油和工业废油，也有麻疯果、黄连木果实等，还有从东南亚地区进口的棕榈油，但是总体而言是依靠餐饮废油。根据柴沁虎[4]的研究结果，生物柴油加工过程能耗高，生命周期的 CO_2 减排效果较差，并且原料来源、生产成本和竞争性用途方面在近中期内都存在相当大的挑战，应用前景不太乐观。相比之下，生物质乙醇原料来源广泛、技术发展迅速、车辆适用性好，发展前景更加广阔。考虑上述发展前景以及轻型车对生物质液体燃料的适用性，本书在建立生物质液体燃料替代情景时主要考虑生物乙醇。

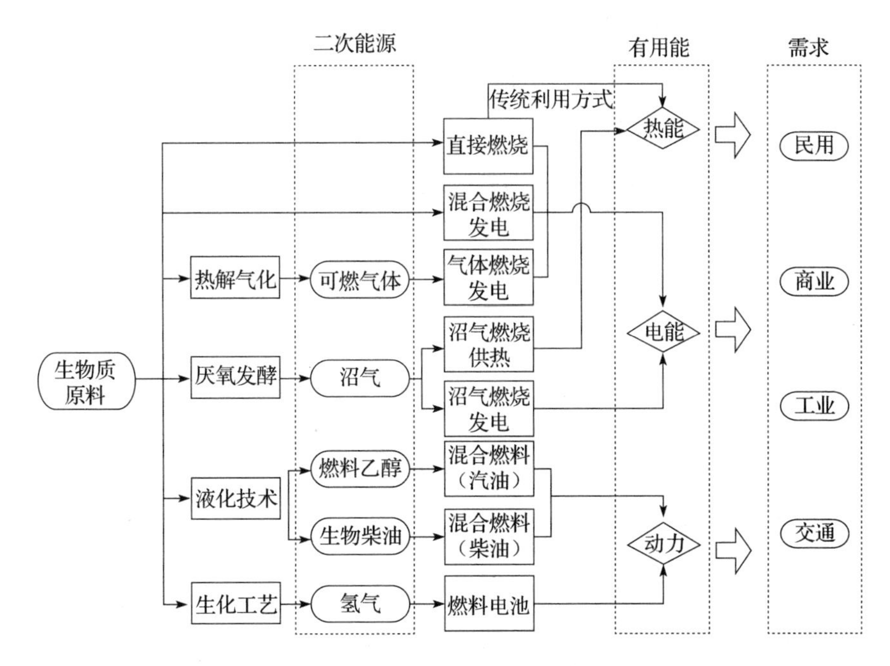

图 5-8 生物质能利用方式

一、燃料乙醇发展现状

乙醇既可以直接用作发动机燃料，又可以作为汽油调和组分（直接加入汽油或者转换为 ETBE 加入汽油）。目前生物乙醇的原料来源主要有谷类作物（如玉米、小麦）、含淀粉类经济作物（如木薯、红薯）、糖类作物（如甘蔗、甜高粱）以及纤维素材料（如草、树木以及来自农业、林业以及城市的一些有机固体废弃物）。主流的制备工艺是生物发酵技术。

利用粮食作物、淀粉类、糖类经济作物制取乙醇在中国有着悠久的历史。21 世纪初，出于对石油安全的关注，以及国内粮食产量持续走高、大量陈化粮积压的客观现实，中国政府决定在河南、安徽、吉林以及黑龙江四个粮食主产区发展一定规模的以玉米和小麦为原料的燃料乙醇，用于配制含乙醇 10% 的车用乙醇汽油（E10）[5-6]。2007 年年末这四座工厂的乙醇年总产量已经超过了 133 万吨。中粮集团在广西北海市投资建设的我国首个非粮乙醇生产基地投入生产，设计产能为每年 20 万吨，并在广西全省内封闭销售使用。广西新天德能源公司和北海国发海洋生物产业股份有限公司也已经建成约50万吨/年的木薯乙醇产能[7]，但是尚未获得政府部门的市场准入许可。我国是世界上继美国和巴西之后的第三大燃料乙醇生产与使用国家。我国乙醇企业的具体情况如表5-5所示。

表5-5 中国生物质燃料乙醇生产企业状况（2010年）

企业	厂址	原料	技术	产能（万吨）	2007年销量（万吨）
天冠	河南	小麦	湿法	30	40.2
		木薯	不详	20	
丰原	安徽	玉米	湿法	32	34.9
吉林	吉林	玉米	湿法	30	41.9
华润	黑龙江	玉米	干法	10	16.2
中粮	广西	木薯	不详	20	—
新天德和北海国发（尚未获准入）	广西	木薯	不详	50	—
全国燃料乙醇产能总计					133.2

先期的四家燃料乙醇定点生产企业出产的燃料乙醇，按照90#汽油的出厂价绑定卖给中国石油天然气集团公司（简称中石油）、中国石油化工总公司（简称中石化）。然后中石油、中石化的调配中心按照10%的比例（以体积计算）统一调配成乙醇汽油（E10）后，再按照“同升同价”向各地加油站批发销售[8]。由于中国的汽油热值为32.12MJ/L，燃料乙醇的热值为21.26MJ/L，考虑到变性乙醇里面添加了5%（体积比）的汽油，则实际上相当于在乙醇汽油中添加了9.5%（体积比）的燃料乙醇，因此E10的热值和常规汽油相比大概下降了3%。这种方式在一定程度上损害了车辆持有者的利益，所以最初在燃料乙醇的半封闭试点区域，燃料乙醇的推广使用不是很受欢迎。

燃料乙醇汽油的应用范围包括黑龙江、吉林、辽宁、河南、安徽五省的全省范围，以及湖北省九个地市、山东省七个地市、河北省六个地市和江苏省五个地市。此外，广西壮族自治区已经于2007年年底开始封闭使用木薯乙醇汽油；云南省昆明市试点含水乙醇汽油，并计划尽快引入无水乙醇汽油；四川省等地也准备开始应用乙醇汽油。

尽管国内大规模投产的燃料乙醇装置使用的原料主要是玉米和小麦，但是考虑到中国的耕地面积有限，出于对粮食安全的考虑，产业界以及学术界认为应该将燃料乙醇的原料来源逐渐转移到一些非粮经济作物以及纤维素资源。自2006年开始，国家逐步调整政策，发布了《加强生物燃料乙醇项目建设管理，促进产业健康发展的通知》《关于暂停玉米加工项目的紧急通知》《生物燃料乙醇及车用乙醇汽油“十一五”发展专项规划》等产业政策，明确提出“因地制宜，非粮为主”的发展原则，生物质燃料乙醇生产不能以粮为主。这意味着除了之前批准的黑龙江华润、吉林燃料乙醇、安徽丰原、河南天冠四家企业之外，停止审批粮食乙醇项目，大力发展非粮乙醇。目前由中粮集团负责开发的利用木薯制取燃料乙醇的工厂已经在广西北海市建成，计划年产能20万吨，已于2007年年底建成投产；利用甜高粱、甘蔗等能源作物制取燃料乙醇技术的开发和推广工作也如火如荼；利用第二代纤维素技术制取燃料乙醇的工作基本上进入了小规模中试阶段。由于甜高粱乙醇和纤维素乙醇技术还存在一定的困难，所以近期内我国非粮乙醇发展的重点是以木薯为原料。

二、燃料乙醇资源潜力和产量预测

本小节首先对我国的可利用边际性土地资源、农林废弃物资源进行了详细调研和分析，然后据此估计生物质燃料乙醇的发展潜力，最后结合国家《可再生能源中长期发展规划》提出的发展目标，对未来几十年燃料乙醇产业的发展趋势和产量增长做出预测。

（一）可利用边际性土地资源

对中国未来几十年的生物质乙醇产量做出规划或预测，首先需要考虑的问题就是可利用边际性土地资源的数量、质量和分布情况。但是，我国长期以来缺乏较为翔实的土地普查资料，难以获得可利用边际性土地的准确数据，关于这方面的研究也通常比较笼统和概括。

袁振宏等非常乐观地估算了农业和林业用地中可利用边际性土地面积[9]。根据袁振宏的调查（见表5-6），农业用地中除现有耕地外的备耕宜农地、盐碱地、现有高粱地等均可视为可利用边际性宜农地，用于种植能源作物。目前我国可利用宜农地的面积共计2 186万ha。林业用地中除现有林地外的无林地、宜林荒地和退耕还林地等也都可以作为可利用边际性宜林地，用于种植能源植物。目前我国可利用宜林地的面积共计 7 570 万 ha。综合以上数据，全国现有可利用农林土地的总面积为 9 756 万 ha。

表 5-6　中国可利用农林土地情况

农业用地	面积（万 ha）	林业用地	面积（万 ha）
现有耕地	13 000	现有林地	12 000
备耕宜农地	947	无林地	5 700
盐碱地	800	宜林荒地	400
现有高粱地	439	退耕还林地	1 470
可利用宜农地	2 186	可利用宜林地	7 570

《中国可再生能源产业发展报告 2007》中提到，我国目前拥有备耕宜农地约为 734 万～937 万 ha、冬闲田约为 866 万 ha，另有后备林地约 1 600 万～5 704 万 ha、现存油料林可改造为能源林约 343 万 ha，总计可利用边际性土地 3 200 万～7 600 万ha[10]。该数据取值范围较大，不确定性高，与袁振宏的调查结果相距甚远。由此可见，各种资料来源的数据互相验证的效果不佳，说明全国可利用边际性土地的资源潜力尚不清楚。

关于可利用边际性土地的分布，根据《中国能源可持续发展若干重大问题研究》的调查结果[11]，可以发现全国目前尚未利用的土地资源的地理分布很不平衡（见图 5-9）。荒草地主要集中在青藏地区和甘肃新疆地区（简称甘新区），其次是西南地区和黄淮地区。盐碱地与裸土地则有约 90% 分布在青藏和甘肃新疆一带。

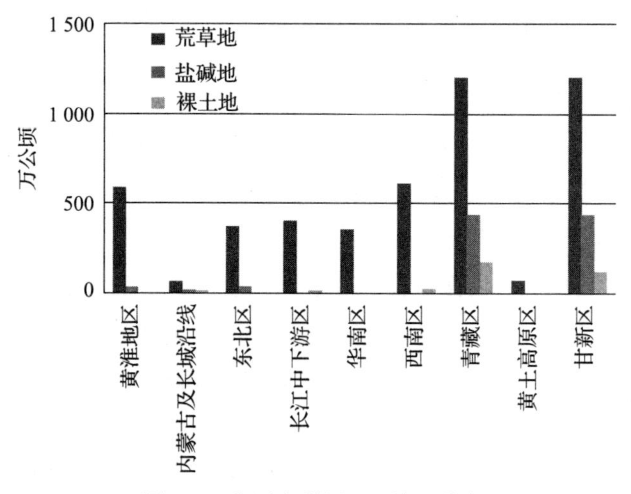

图 5-9　我国未利用土地资源分布

严良政等根据2002年的土地资料估算了生物质乙醇的生产潜力和分布情况[12]。其研究认为中国可用于种植能源作物发展生物燃料乙醇的宜耕边际性土地总面积约为2 408万ha，估计每公顷种植甜高粱、木薯、甘薯分别可产生物乙醇3.1~4.9吨/年、3.2吨/年和3.3吨/年，那么全国生物质燃料乙醇的生产潜力可达每年7 400万吨以上，并且近期就有望实现2 170万吨产能。从区域分布看，新疆地区的燃料乙醇产量潜力最大，超过1 000万吨，占全国一半左右，其次是甘肃和山东，均超过100万吨。

由于生物质燃料乙醇的生产对原料具有高度依赖性，在目前看来大规模原料的长距离运输是不切实际的做法，因此未来发展规模化的燃料乙醇产业必然要考虑将生产企业建立在原料产地附近。我国可利用边际性土地多分布在偏远的内陆地区，存在土地状况、气候条件、水资源丰度、劳动力供应、基础设施配套等很多不确定因素，对生物质燃料乙醇的产业化造成了许多不可预见的困难和阻碍。

（二）农林废弃物资源

基于粮食作物、非粮经济作物的燃料乙醇替代可能难以大幅度地减缓中国石油供应紧张和温室气体排放高的难题，燃料乙醇技术路线的中远期希望寄托在第二代纤维素乙醇技术的大范围推广和应用上。发展纤维素燃料乙醇的优点是非常明显的。第一，可以广泛地使用各种可能的原料甚至是废弃资源，从而使生物质燃料乙醇的生产能力实现大规模提升。第二，可以尽量避免与粮食和饲料生产争夺有限的土地资源。第三，燃料乙醇产业的发展会拉动农村经济，增加农民收入，同时减少农林废弃物焚烧，减轻环境污染。因此，在评估中国未来生物乙醇生产潜力时，除考虑利用边际性土地专门种植能源作物和能源植物外，更重要的是对农林废弃物等纤维素类原料的资源可获得性进行详细调查，摸清我国中长期纤维素资源的潜力。国内已有的研究结果如表5-7所示。

袁振宏最早对中国的农林废弃物和工业废弃物进行了估计（1998年数据）[13]。农业废弃物年可获得实物量约为5.13亿吨，其中水稻、小麦和玉米秸秆约占84%。农业废弃物总量的15%用于还田，24%用于饲料，少数用于工业，因此可以作为薪柴使用或被露地燃烧的约占六成。据此估计可利用的农业废弃物资源量约为

表 5-7　中国纤维素类资源调查

	农业废弃物			林业废弃物			工业废弃物	
	作物秸秆			薪炭林	薪柴	林地残积物	农业加工废弃物	林业加工废弃物
	总量	水稻、玉米和小麦秸秆比例	消费流向	总量	总量	总量	总量	
袁振宏，1998	6.05 亿吨（3.65 亿 tce）	84.30%	15% 还田，24% 饲用，2.3% 工业，60% 薪柴或露地燃烧	0.63 亿吨（0.26 亿 tce）	1.7 亿吨（0.7 亿 tce）	2.0 亿吨（1.26 亿 tce）	0.77 亿吨（0.4 亿 tce）	
	可获得量 5.13 亿吨	可用率 60%		可用率 100%	可用率 100%	可用率 50%	可用率 100%	
	可用资源量 3.01 亿吨（1.86 亿 tce）			可用资源量 3.33 亿吨（1.59 亿 tce）			可用资源量 0.77 亿吨(0.4 亿 tce)	
《中国可再生能源产业发展报告 2007》	6.81 亿吨（4.12 亿 tce）		15% 还田，28% 饲用，3.29% 工业，28% 农村居民生活燃料，25.3% 废弃	0.04 亿吨（0.02 亿 tce）	0.48 亿吨（0.27 亿 tce）	0.78 亿吨（0.44 亿 tce）包括林地残积物和林业加工废弃物	含在农业废弃物统计中	含在林业废弃物统计中
	可获得量 5.46 亿吨	可用率 25.3%		不可用	可用率 100%	可用率 100%		
	可用资源量 1.38 亿吨（0.69 亿 tce）			可用资源量 1.25 亿吨（0.63 亿 tce）				
清华大学顾树华，2006	7.2 亿吨（3.46 亿 tce）			2.0 亿吨（1.14 亿 tce）			含在农业废弃物统计中	含在林业废弃物统计中
	可获得量 3.6 亿吨			可获得量 2.0 亿吨（1.14 亿 tce）				
中国科学院，《中国能源可持续发展若干重大问题研究》，2007	7.15 亿吨（3.6 亿 tce）	70%	15% 还田和损失，24% 牲畜饲料，少量工业应用，约 60% 可做能源使用					
		可用率 60%						
	可用资源量： 2010 年 4.5 亿吨（2.2 亿 tce）； 2020 年 5.4 亿吨（2.7 亿 tce）； 2050 年 8.1 亿吨（4.0 亿 tce）			预计林业生物质资源总量（不是可用量）： 2010 年 4.2 亿 tce； 2020 年 4.8 亿 tce； 2050 年 6.1 亿 tce				

注：表中数据摘自参考文献［11，12，14，15］。

3 亿吨（约 1.86 亿 tce）。林业废弃物包括薪炭林 0.63 亿吨、薪柴 1.7 亿吨和林地残积物 2.0 亿吨，可利用的林业废弃物资源总量约为 3.33 亿吨（1.59 亿 tce）。此外，还有一部分农林加工废弃物，估计约为 0.77 亿吨（0.4 亿 tce）。

《中国可再生能源产业发展报告 2007》估算的结果[10]是农业废弃物可获得实物量约为 5.46 亿吨，与袁振宏的结果差距不大。但是报告认为其中已经有约 28% 作为农村居民生活燃料使用，仅有约 25.3% 的废弃部分可以用作生产生物质燃料乙醇，因此可利用农业废弃物资源量减少至 1.38 亿吨（0.69 亿 tce）。在林业废弃物方面，该报告认为我国的薪炭林、薪柴和林地残积物可利用资源总量约 1.25 亿吨（0.63 亿 tce），这个数字远远低于袁振宏的估计。

顾树华[14,15]认为我国目前农业废弃物约有 7.2 亿吨，其中有一半可以利用。林业废弃物约为 2.0 亿吨。

《中国能源可持续发展若干重大问题研究》的调查结果[11]与顾树华的估计很接近，农林废弃物资源总量约为 7.15 亿吨，可用率 60%。并且预计未来可利用农业废弃物资源量将逐年增长，2020 年增加到 5.4 亿吨（2.7 亿 tce），2050 年达到 8.1 亿吨（4 亿 tce）。未来林业废弃物的资源量也具有相当规模，估计不低于 4 亿 tce。

由此可见，我国的纤维素类资源比较丰富，中远期可以用来进行制取燃料乙醇的各类纤维素资源总量相当可观。仅考虑农作物废弃物中的玉米、小麦和水稻秸秆，剔除还田、饲料、工业、农民生活用能以外，至少可以提供 2 亿吨左右的原料。

农林废弃物资源主要分布在我国东北、华北和南方地区。黑龙江、吉林、河北、山东、河南、江苏、安徽、湖北、湖南和四川 10 个省市的农业废弃物占全国农业废弃物总量的 60%。内蒙古、黑龙江、四川、湖南、贵州、广西和广东 7 个地区的林业废弃物占全国林业废弃物总量的一半以上。

（三）乙醇生产规划和潜力估计

可以基于以上对可利用边际性土地和纤维素类资源可获得性的调查结果，估计出我国生物质燃料乙醇的发展潜力，最后结合国家《可再生能源中长期发展规划》提出的发展目标，对中远期燃料乙醇产业的发展趋势和产量增长做出预测。

2007年我国生物乙醇实际年产量133万吨，2008年中粮集团新投产非粮乙醇产能20万吨。因此目前国内合法的燃料乙醇年产量应该不超过150万吨。根据2007年发布的《可再生能源中长期发展规划》提出的目标，到2020年生物燃料乙醇年利用量达到1 000万吨。但是，截至2010年我国新增的非粮乙醇生产企业仅有广西中粮一家。

《中国可再生能源产业发展报告2007》预计远期中国燃料乙醇生产潜力将达到8 000万吨[10]。严良政根据现有边际性土地资源估计中国近期就有望实现2 170万吨燃料乙醇生产，中远期资源潜力更可支持高达7 400万吨的乙醇产量[12]。袁振宏、王孟杰等对远期中国乙醇生产潜力的估计更加乐观，其认为利用边际性农林土地就可以满足2.6亿吨燃料乙醇的生产。顾树华认为中期生物乙醇资源潜力约2 600万吨，远期可增加到4 000万吨[14-15]。

现有研究对我国车用燃料乙醇产量的预测对比如图5-10所示。国内学者对燃料乙醇的资源潜力和产量预测意见不一、众说纷纭的主要原因，一是目前非常缺乏对可利用边际性土地和纤维素类资源现状的可靠资料与深入分析，二是纤维素类乙醇技术突破存在较大的不确定性，见仁见智。总体而言，大部分预测结果都比较乐观，有些甚至显得过于激进。但是，从“十二五”期间全国燃料乙醇的进展来看，可以说是低于之前预期的。因此，燃料乙醇在我国虽然发展潜力很大，但是短期内仍面临一些尚未解决的现实问题，如资源的可获得性、技术经济性等。

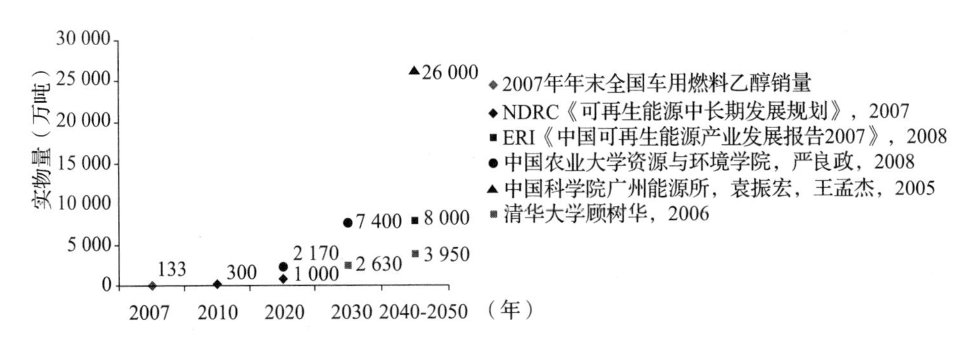

图5-10　车用乙醇产量规划和预测

注：图中数据摘自参考文献［10］、［12］和［14］。

本书为了分析乙醇汽油与灵活燃料汽车的技术组合在实现CO_2浓度稳定目标过程中的作用，需要对中远期燃料乙醇的可能产量做出合理预测。预测时不但要客观地考察土地资源的可获得性和原料的可获得性，全面地考虑燃料乙醇技术突破问题，充分地参考关于燃料乙醇生产潜力的已有研究结果，而且还要结合国家现有规划和现实情况做出大胆判断。值得注意的是，资源潜力只代表最大可能性，并不等同于短期内就可以实现的产能。

综合以上资料调研和分析，对我国中远期燃料乙醇的产量做出预测，结果如表 5-8 所示。预测分为高、中和低三种情况，分别假设纤维素乙醇技术在 2015 年、2020 年和 2025 年左右实现突破，随后进入大规模的产业化应用阶段。《可再生能源中长期发展规划》提出到 2020 年我国生物燃料乙醇年利用量达到 1 000 万吨，因此在中预测和低预测中都采用了该数值。远期燃料乙醇的生产可能主要依赖纤维素技术，同时辅以部分非粮乙醇和少量粮食乙醇。与国内已有预测结果对比（见图 5-10），本书的高、中和低三种预测结果都偏于保守。

表 5-8 我国中远期燃料乙醇产能预测

年份	高预测		中预测		低预测	
	乙醇产量（万吨）	纤维素乙醇比例（%）	乙醇产量（万吨）	纤维素乙醇比例（%）	乙醇产量（万吨）	纤维素乙醇比例（%）
2020	1 430	91	1 000	10	1 000	5
2030	3 730	97	3 000	83	1 750	46
2040	8 330	98	6 200	94	3 350	72
2050	17 530	99	12 200	97	6 550	85

三、B 减排情景

本小节将建立单纯依赖生物质燃料乙醇作为替代燃料的减排情景。假设分别采用乙醇产量的高、中和低三种预测结果，生成的减排情景分别记为 B1、B2 和 B3（B 代表生物质）。B 减排情景的主要参数假设如表 5-9 所示。

表 5-9 B 减排情景参数假设

	2010 年	2011 ~2050 年
单车年均行驶里程（km/年）	20 000	20 000
新车平均燃料经济性理论值（L/100km）	7. 3	7. 3
汽油车比例（包括使用燃料乙醇的 FFV）（%）	77. 70	77. 70
柴油车比例（%）	21. 3	21. 3
B1 情景乙醇使用量（万吨）	150	高预测产量
B2 情景乙醇使用量（万吨）	150	中预测产量
B3 情景乙醇使用量（万吨）	150	低预测产量

B 减排情景与 CHINABAU 和 CHINA550、CHINA450 目标曲线的比较如图 5-11 所示。燃料乙醇的应用产生了一定的减排效果，使 CHINABAU 排放降幅最高达$\frac{1}{4}$，但是与目标曲线的差距仍然非常大，无法满足 550ppmv 和 450ppmv 的要求，故不能成为稳定情景，只能被称为减排情景。由此可见，生物质液体燃料虽然具有显著的石油替代效果，但是对于中远期减少 CO_2 排放的作用十分有限。

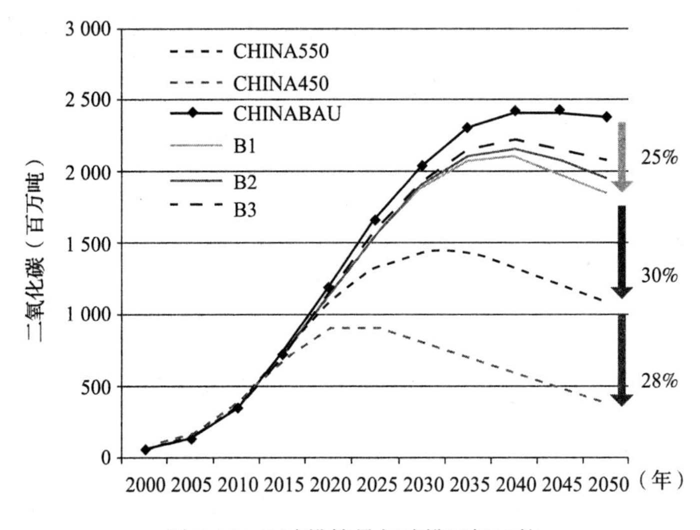

图 5-11　B 减排情景与减排目标比较

由于单纯依靠生物质燃料乙醇不能实现 CO_2 浓度稳定目标，因此下文考虑将燃料经济性提高的技术手段引入情景中，建立 550BI 和 450BI 稳定情景。

稳定情景和减排情景的区别在于，减排情景是指具有一定减排效果的情景，其减排效果对 CO_2 浓度稳定目标的实际贡献难以评估，而稳定情景不但具有显著的减排效果，而且完成了根据浓度稳定目标分解得到的排放限额，即如果稳定情景得以实施，那么全球的 CO_2 浓度稳定目标在一定概率上就有可能实现，从而达到《公约》提出的应对气候变化行动的最终目的。

四、550BI 稳定情景

本小节将建立采用生物质燃料乙醇作为替代燃料和提高传统车辆燃料经济性两种技术手段生成的减排情景。假设分别采用乙醇产量的高、中和低三种预测结果，燃料经济性的提高速度和幅度根据 CHINA550 减排目标的需要而确定，生成的稳定情景分别记为 550BI1、550BI2 和 550BI3（550 代表稳定目标，B 代表生物质，I 代表内燃机，1、2、3 分别代表乙醇产量高、中、低预测）。550BI 情景的主要参数假设如表 5-10 所示。

表 5-10 550BI 稳定情景参数假设

排放目标约束：550ppmv	2010 年	2011～2050 年
单车年均行驶里程（km/年）	20 000	20 000
新车平均燃料经济性理论值（L/100km）	7.3	根据目标需要逐年改进
汽油车比例（包括使用燃料乙醇的 FFV）（%）	77.70	77.70
柴油车比例（%）	21.3	21.3
550BI1 情景乙醇使用量（万吨）	150	高预测产量
550BI2 情景乙醇使用量（万吨）	150	中预测产量
550BI3 情景乙醇使用量（万吨）	150	低预测产量

550BI 稳定情景与 CHINABAU 和 CHINA550 目标曲线的比较如图 5-12 所示。由于引入了提高新车燃料经济性的假设，CHINABAU 排放大幅度降低，实现了与目标曲线的较好吻合。550BI 排放曲线与 CHINA550 目标曲线的累计排放量误差在 0.5% 以内，满足了 550ppmv 目标的要求，因此 550BI 情景可以成为稳定情景。

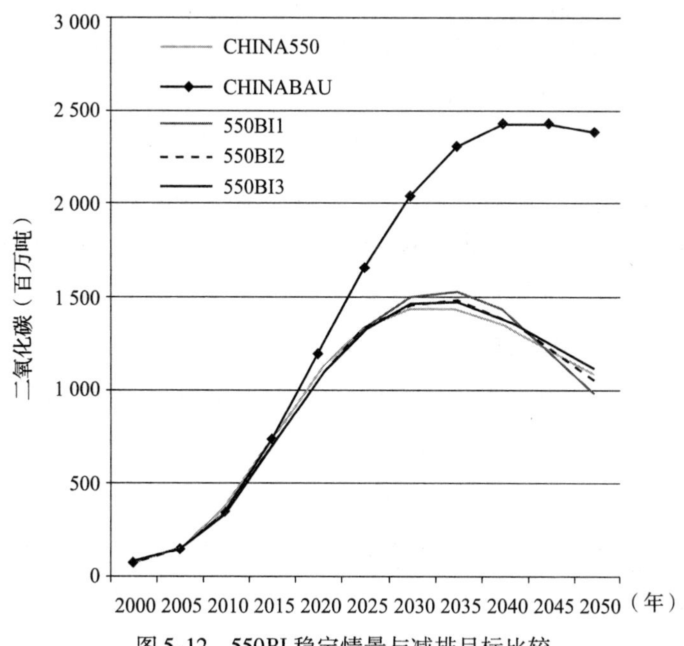

图 5-12 550BI 稳定情景与减排目标比较

比较图 5-11 和图 5-12，在使 CHINABAU 排放降低至 CHINA550 目标排放时，燃料乙醇的直接贡献率约为 45%，燃料经济性提高的直接贡献率约为 55%。燃料经济性的提高，一方面具有直接减排效果，另一方面也使得燃料乙醇在汽油里的掺混比例更高，实际应用范围更广，发挥了更大的减排作用。

燃料经济性提高的速度和幅度如图 5-13 所示。在 550BI3 情景中对燃料经济性的远期要求已经比较接近极限值。比较图 5-13 与图 5-3，如果纤维素乙醇技术突破晚于 2025 年，燃料乙醇大规模发展较慢，那么 550BI3 情景将向 550I 情景靠拢，此时实现 550ppmv 目标对燃料经济性的要求可能会突破极限值。

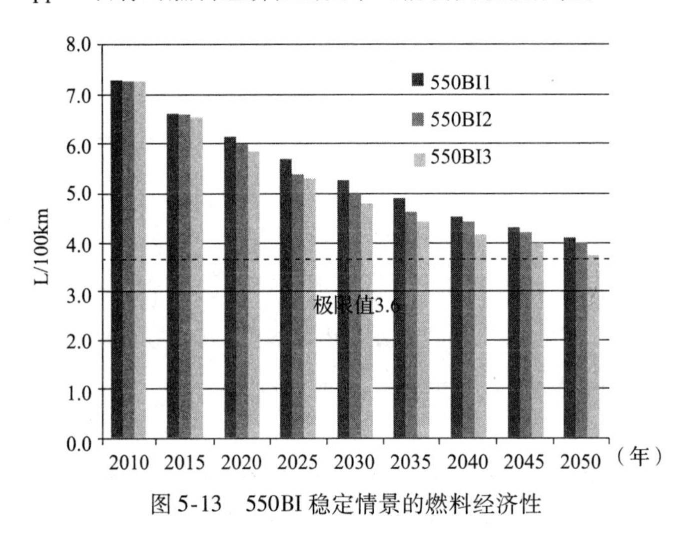

图 5-13　550BI 稳定情景的燃料经济性

如图 5-14 所示，550ppmv 目标对新车 TTW 排放的要求在 2040 年之后将突破 85g/km 的极限值。这是因为燃料经济性提高到一定水平后，乙醇掺混比例升高，汽车动力性能有可能会受到影响。因此，将燃料乙醇按照等热值转化为汽油，重新计算新车的平均 TTW 排放，结果如图 5-15 所示。上述转化法计算得出的 TTW 排放均未超过 85g/km 的极限值，因此可以认为汽车的动力性能没有受到影响。

图 5-16 展示了 550BI 三种稳定情景对燃料技术和车辆技术的双重技术要求，也反映了两者在减少排放方面的互相替代。2030 年以前，图中三条折线都比较陡（斜率比较大），说明由于燃料乙醇无法实现大规模生产，燃料经济性提高承担了主要减排任务；2030 年以后，图中三条折线明显变缓（斜率变小），说明随着乙醇技术突破和产能提高，燃料承担了更多减排任务，车辆技术改进的负担减小。

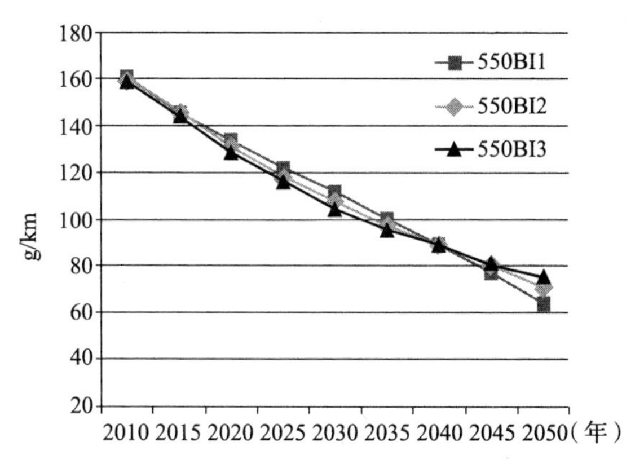

图 5-14 550BI 稳定情景的新车平均 TTW 排放

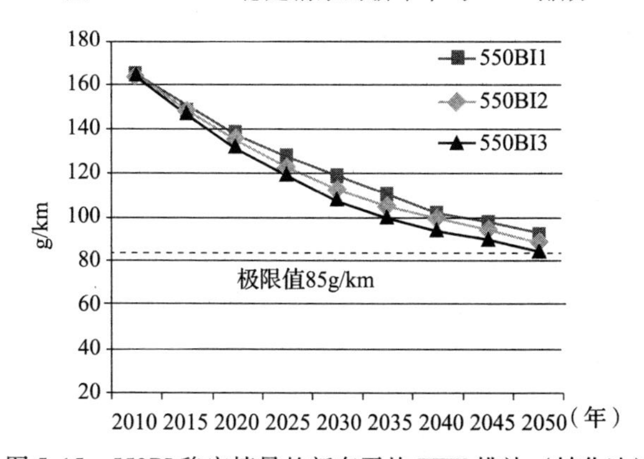

图 5-15 550BI 稳定情景的新车平均 TTW 排放（转化法）

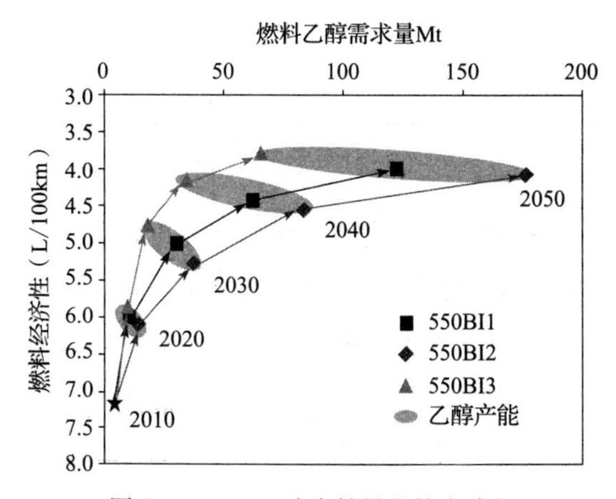

图 5-16 550BI 稳定情景的技术路径

550BI1 和 550BI3 可以看成是两个边界方案，这两条折线勾勒出的面积中存在无穷多个实现 550ppmv 目标的路径，很难一一列举。但是，550BI1、550BI2 和 550BI3 具有很大代表性。多种路径的存在反映了两个重要问题：一是技术突破时点的不确定是问题的关键；二是路径的选择要基于技术组合中成本最优的考量。

五、450BI 稳定情景

仍然采用生物质燃料乙醇作为替代燃料和提高传统车辆燃料经济性两种技术手段建立减排情景。同样假设分别采用乙醇产量的高、中和低三种预测结果，燃料经济性的提高速度和幅度根据 CHINA450 减排目标的需要而确定，生成的稳定情景分别记为 450BI1、450BI2 和 450BI3（450 代表稳定目标，B 代表生物质，I 代表内燃机，1、2、3 分别代表乙醇产量高、中、低预测）。450BI 减排情景的主要参数假设如表 5-11 所示。

表 5-11 450BI 稳定情景参数假设

排放目标约束：450ppmv	2010 年	2011～2050 年
单车年均行驶里程（km/年）	20 000	20 000
新车平均燃料经济性理论值（L/100km）	7.3	根据目标需要逐年改进
汽油车比例（包括使用燃料乙醇的 FFV）（%）	77.70	77.70
柴油车比例（%）	21.3	21.3
450BI1 情景乙醇使用量（万吨）	150	高预测产量
450BI2 情景乙醇使用量（万吨）	150	中预测产量
450BI3 情景乙醇使用量（万吨）	150	低预测产量

450BI 稳定情景与 CHINABAU 和 CHINA450 目标曲线的比较如图 5-17 所示。450BI 情景排放与 CHINA450 目标排放曲线的吻合度较好，累计排放量误差在 1.0% 以内，满足了 450ppmv 的要求，因此 450BI 情景可以成为稳定情景。

比较图 5-17 和图 5-11，在使 CHINABAU 排放降低到 CHINA450 排放的过程中，燃料乙醇的直接贡献率约为 30%，燃料经济性提高的直接贡献率约为 70%，由此可见车辆技术的进步起了主要作用。

燃料经济性提高的速度和幅度如图 5-18 所示。自 2020 年以后，450BI 稳定情景对燃料经济性的要求就大大超出了目前估计的燃料经济性的极限值。

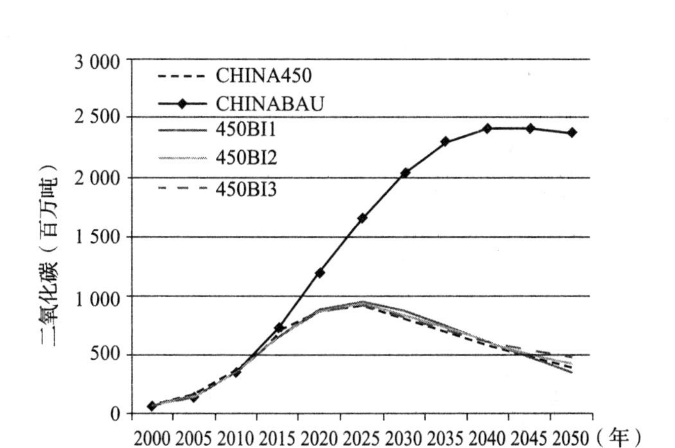

图 5-17 450BI 稳定情景与减排目标比较

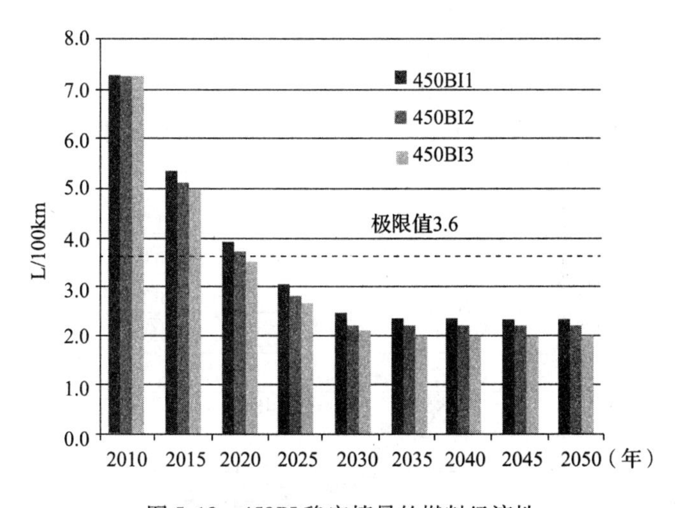

图 5-18 450BI 稳定情景的燃料经济性

比较图 5-18 和图 5-13，可以发现 450ppmv 目标与 550ppmv 目标对燃料经济性进步的要求差异巨大。一是从进步幅度上，450BI 情景燃料经济性的远期要求在 2. 0L/100km 左右，只有 550BI 情景远期要求 4. 0L/100km 的一半。二是从进步速度上，550BI 情景中提高燃料经济性的技术研发时间至少有 40 年，而 450BI 情景中达到燃料经济性极限值的研发时间只有 10 年左右。由此可见，从资源、技术和时间各方面考虑，CHINA450 排放目标都难以实现。

如图 5-19 所示，在 450ppmv 目标下，新车 TTW 排放在 2020 年左右达到并突破 85g/km。图 5-19 与图 5-14 相比，比 550ppmv 目标提前了 20 年。

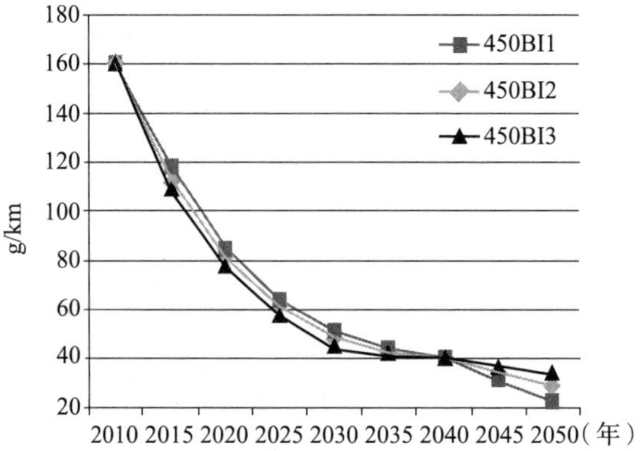

图 5-19 450BI 稳定情景的新车平均 TTW 排放

将燃料乙醇按照等热值转化为汽油，重新计算新车的平均 TTW 排放，结果如图 5-20 所示。上述转化法计算得出的 TTW 排放在 2020 年后都突破了 85g/km 的极限值，并最终降低至 50g/km 的低水平，由此判断在这种情况下汽车的动力性能将会受到很大影响。

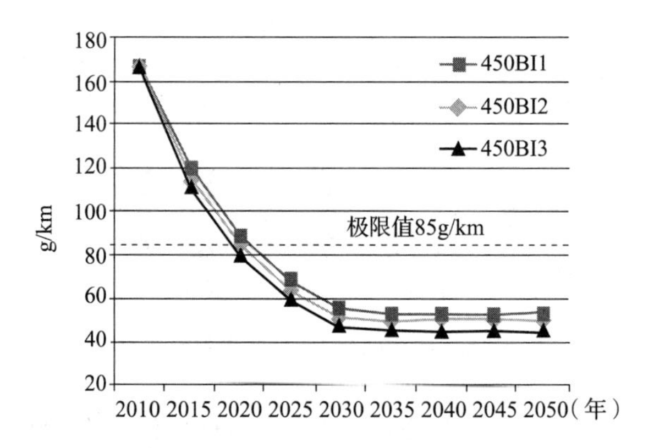

图 5-20 450BI 稳定情景的新车平均 TTW 排放（转化法）

图 5-21 展示了 450BI 三种稳定情景对燃料技术和车辆技术的双重技术要求，同样也反映了两者在减少排放方面的互相替代。图 5-21 与图 5-16 相比，可以更加明显地体现出燃料技术与车辆技术在近中期和远期减排时所起到的不同作用。为了实现 450ppmv 目标，2030 年之前主要依靠燃料经济性的提高，图 5-21 中汽车的百公里油耗数值直线升高达到并突破了极限值，2030 年之后燃料乙醇才开始发挥

比较重要的减排作用。

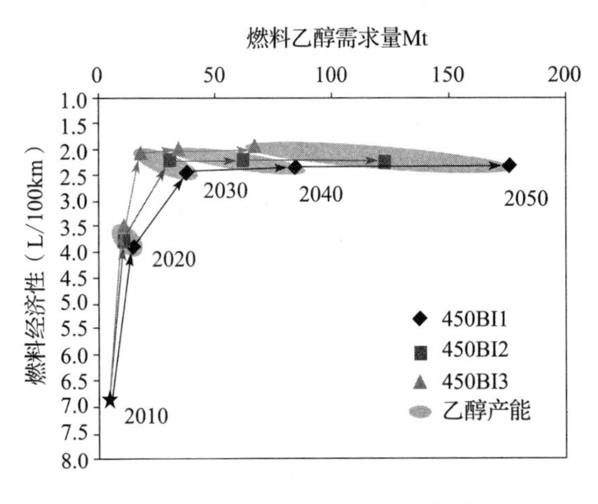

图 5-21 450BI 稳定情景的技术路径

本小节讨论了生物质液体燃料替代和燃料经济性提高的三种减排情景与六种稳定情景。结果表明，2030 年之前燃料乙醇替代产生的减排效果非常有限，必须同时依赖提高燃料经济性的减排措施。从技术角度看，550ppmv 目标经努力有可能实现，但是 450ppmv 目标实现的难度非常大，目前看来不可行。

第四节 插入式混合电动车替代情景

插入式混合电动车具有能量利用效率高的节能优点和尾气零排放、行驶低噪声的环保性能。电力的来源广泛，可以充分利用各种形式的一次能源，如煤炭、天然气、风力、太阳能、地热能、核能等。我国新能源和可再生能源在电力生产中的比重日益增加，使得基于电网的插入式混合电动车在生命周期 CO_2 排放方面相比传统化石能源转换得到的汽油、柴油具有更大的优势，加之未来碳捕获和封存技术（CCS）在大型火电厂的应用潜力，使得基于电网的插入式混合电动车减少 CO_2 排放的前景更加光明。

本节将讨论基于电网的插入式混合电动车替代传统汽油车的 CO_2 减排情景，其中考虑了碳捕获和封存技术的影响。我国未来电力发展预测和假设见表 4-15，电网的平均 WTT 排放因子见表 4-14。关于碳捕获和封存技术应用于未来火电厂的假设与 WTT 排放因子计算见第四章第二节第三小节及表 4-14。

未来我国插入式混合电动车的发展情况，本书预设了高、中、低三种情景，即大规模市场化应用分别于 2015 年、2020 年和 2025 年开始。高发展情景描述了插入式混合电动车快速广泛地应用并最终替代传统汽油车的情况；中发展情景展现的是插入式混合电动车较快发展并最终占有一半市场份额；低发展情景实际上也采用了相当乐观的估计，设定远期的市场份额在 1/3 左右。三种情景中插入式混合电动车在新车销售中的比例与数量如表 5-12 和图 5-22 所示。

表 5-12　PHEV 发展情景中的销量比例　（%）

年份	低发展	中发展	高发展
2015	3	5	10
2020	5	10	20
2025	10	20	30
2030	15	30	40
2035	20	40	50
2040	25	45	60
2045	30	50	70
2050	35	55	75

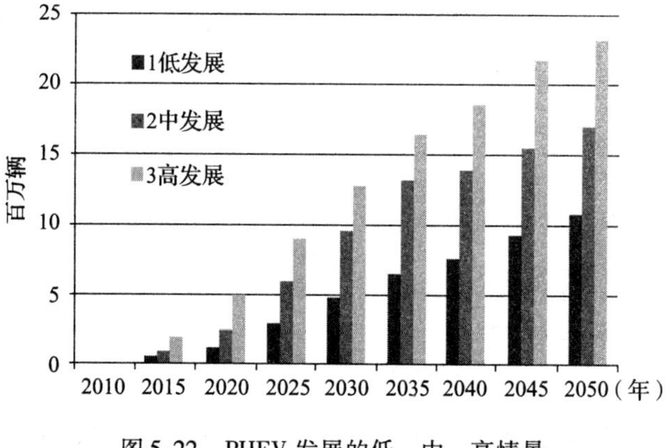

图 5-22　PHEV 发展的低、中、高情景

插入式混合电动车的燃料经济性是排放情景中的重要参数。先进的插入式混合电动车可以达到 20 ~ 22kWh/100km 或更低，本书采用了 22kWh/100km 作为 2010 年的初始值，并假设技术进步率为每五年提高 5%，燃料经济性假设如表 5-13所示。

表 5-13 PHEV 燃料经济性假设

	2010 年	2020 年	2030 年	2040 年	2050 年
燃料经济性（kWh/100km）	22	20	18	16	15

插入式混合电动车在非电模式下相当于常规混合动力车，其燃料经济性比传统汽油车高 20% ~30%。但是，在某些情景（名称含字母 I）里，混合动力系统也应用于传统汽油车，作为提高燃料经济性的重要手段，此时传统汽油车与插入式混合电动车非电模式下的燃料经济性的差距将逐渐缩小，最终趋于相同水平。模型计算时需要考虑上述因素。

下面将讨论六组不同的减排情景。

E 和 EC 减排情景是只采用插入式混合电动车技术的减排情景，分别包括了三种子情景，即 E1、E2、E3 和 EC1、EC2、EC3，对应插入式混合电动车发展的低、中、高假设。EC 系列情景中考虑了碳捕获的潜在应用。

550EI 和 550ECI 稳定情景是以 550ppmv 为稳定目标，采用插入式混合电动车和传统汽油车燃料经济性提高两种技术手段，最终实现 CHINA550 减排限额的稳定情景，分别包括了三种子情景，即 550EI1、550EI2、550EI3 和 550ECI1、550ECI2、550ECI3，对应插入式混合电动车发展的低、中、高假设。550ECI 系列情景中考虑了碳捕获的潜在应用。

450EI 和 450ECI 稳定情景是以 450ppmv 为稳定目标，采用插入式混合电动车和传统汽油车燃料经济性提高两种技术手段，最终实现 CHINA450 减排限额的稳定情景。同样分别包括了三种子情景，即 450EI1、450EI2、450EI3 和 450ECI1、450ECI2、450ECI3，对应插入式混合电动车发展的低、中、高假设。450ECI 系列情景中也考虑了碳捕获的潜在应用。

一、E 减排情景

E 减排情景（E 代表电力）只采用了插入式混合电动车作为 CO_2 减排技术，包括 E1、E2、E3 三种子情景，对应插入式混合电动车发展的低、中、高假设。E 减排情景的作用是评估插入式混合电动车应用对轻型车 CO_2 排放总量的影响，并考察其对实现浓度稳定目标的最大贡献。E 减排情景的主要参数假设如表 5-14 所示。

表 5-14 E 减排情景参数假设

	2010 年	2011 ~ 2050 年
单车年均行驶里程（km/年）	20 000	20 000
新车平均燃料经济性理论值（L/100km）	7.3	7.3
汽油车比例（包括使用燃料乙醇的 FFV）（%）	77.70	1 - 其他车辆%
柴油车比例（%）	21.3	21.3
E1 情景 PHEV 比例（%）	0	低发展
E2 情景 PHEV 比例（%）	0	中发展
E3 情景 PHEV 比例（%）	0	高发展
PHEV 燃料经济性（kWh/100km）	—	随时间变化
火电厂使用 CCS	否	否

插入式混合电动车替代传统汽油车后，使轻型车 CO_2 排放总量明显降低，降幅均高于 28%（见图 5-23）。但是，E 情景排放曲线难以实现稳定目标 CHINA550，与 CHINA450 相比也还有较大差距。

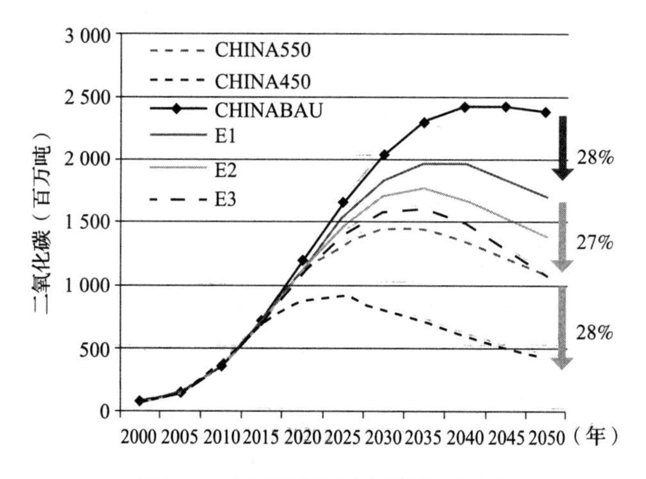

图 5-23 E 减排情景与减排目标比较

如图 5-24 所示，可以看到，插入式混合电动车在 2015 ~ 2025 年间不同程度的推广应用，降低了新车的平均单车 TTW 排放。PHEV 的 TTW 排放因子为零，导致新车整体的平均 TTW 排放水平随之大幅度降低，减少了车辆使用阶段的实际排放。如图 5-25 所示，可以看到，插入式混合电动车的使用，也降低了新车整体的平均单车 WTW 排放值，使全生命周期排放大大减少。

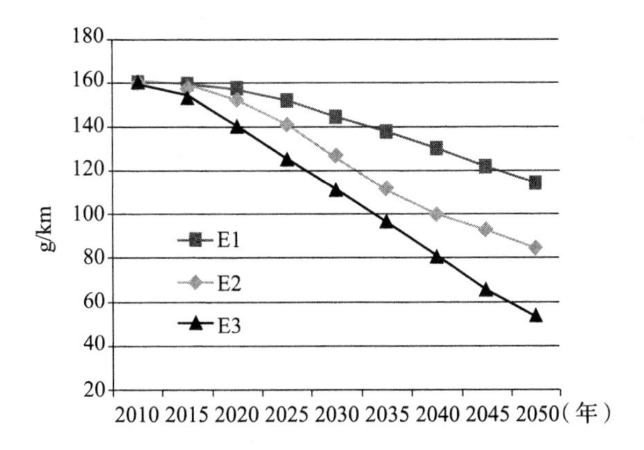

图 5-24 E 减排情景的新车平均 TTW 排放

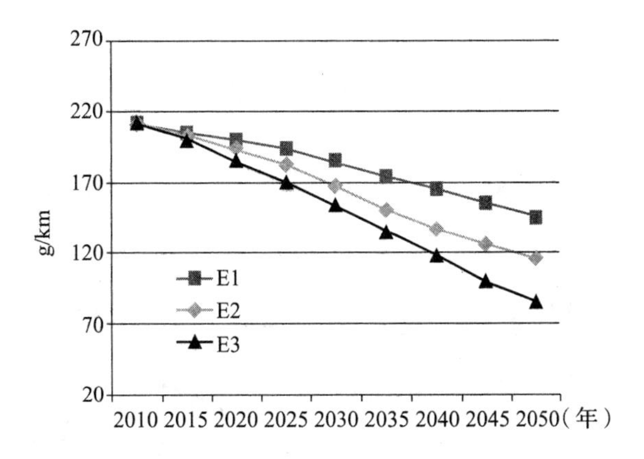

图 5-25 E 减排情景的新车平均 WTW 排放

二、EC 减排情景

在 E 减排情景的基础上引入碳捕获和封存技术建立 EC 减排情景（E 代表电力，C 代表碳捕获），包括 EC1、EC2、EC3 三种子情景，对应插入式混合电动车发展的低、中、高假设。EC 减排情景的作用是评估碳捕获和封存技术应用对轻型车排放总量的影响，并考察其对实现浓度稳定目标的最大贡献。EC 减排情景的主要参数假设如表 5-15 所示。

表 5-15 EC 减排情景参数假设

	2010 年	2011～2050 年
单车年均行驶里程（km/年）	20 000	20 000
新车平均燃料经济性理论值（L/100km）	7.3	7.3
汽油车比例（包括使用燃料乙醇的 FFV）（%）	77.70	1－其他车辆%
柴油车比例（%）	21.3	21.3
EC1 情景 PHEV 比例（%）	0	低发展
EC2 情景 PHEV 比例（%）	0	中发展
EC3 情景 PHEV 比例（%）	0	高发展
PHEV 燃料经济性（kWh/100km）	—	随时间变化
火电厂使用 CCS	是	是

插入式混合电动车替代传统汽油车并引入了碳捕获和封存技术后，使得轻型车 CO_2 排放总量明显降低，降幅均高于30%（见图5-26）。但是，EC1 和 EC2 情景的排放曲线仍然没有接近稳定目标 CHINA550 曲线，EC3 情景虽然在 2040 年左右接近并低于 CHINA550 曲线，但是后期的“过度减排”无法弥补前期“超额排放”，累计排放量仍会超过 CHINA550 目标。这三个子情景与 CHINA450 相比均有较大差距。

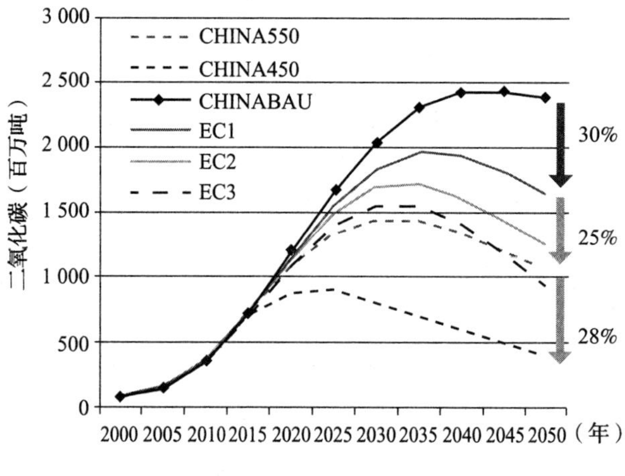

图 5-26 EC 减排情景与减排目标比较

由于 CCS 技术应用于燃料上游阶段，所以其对单车 TTW 排放没有影响，EC 减排情景和 E 减排情景的新车平均 TTW 排放相同。但是，碳捕获技术降低了电力

生产过程的 CO_2 排放，使 PHEV 全生命周期的整体排放降低，从而进一步降低了新车的平均 WTW 排放（见图 5-27）。

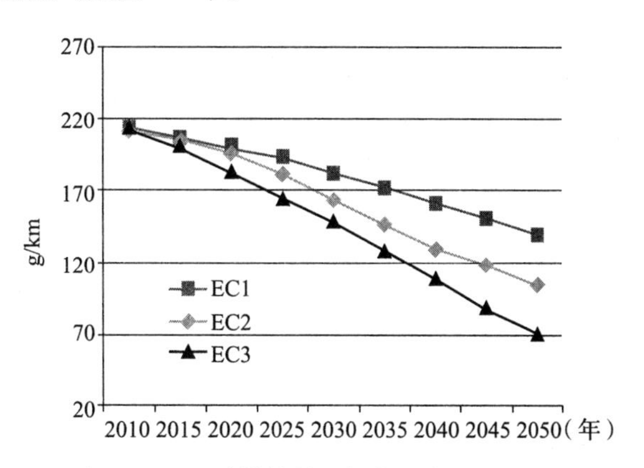

图 5-27 EC 减排情景的新车平均 WTW 排放

三、E 和 EC 情景比较

EC 减排情景的 CO_2 总排放量比 E 减排情景有所减少（见图 5-28），但是幅度不大，减排量还不足基线情景 CHINABAU 排放量的 3%，远小于仅采用 PHEV 一项技术替代传统汽、柴油车时所产生的减排效果。比较 E 减排情景与 EC 减排情景的新车平均 WTW 排放（见图 5-29），发现 CCS 技术对减少单车 WTW 排放的作用并不突出，所以造成对轻型车总体排放量的影响较小。这说明 CCS 技术对轻型车领域的 CO_2 减排效果是很有限的。

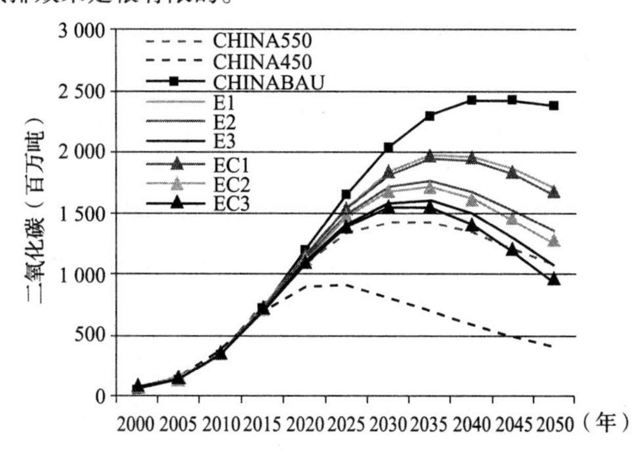

图 5-28 E 减排情景与 EC 减排情景的总排放量比较

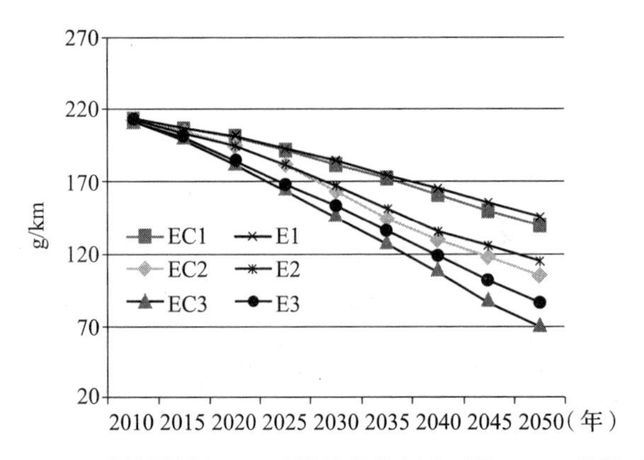

图 5-29 E 减排情景与 EC 减排情景的新车平均 WTW 排放比较

CCS 技术的 CO_2减排作用在火电厂可能是非常显著的，但是对于轻型车部门而言，其减排效果是十分有限的。这主要是因为：一是 CCS 只应用于电力生产阶段，对上游的其他环节如煤炭开采等相关活动的 CO_2排放没有任何作用。二是 CCS 只应用于大型火电厂，而全国火电厂比例仍将在一段时间内保持较高水平，在这段时期内 CCS 技术尚不成熟，捕获率低、经济成本高、推广应用和减排效果有限。远期虽然随着 CCS 技术的突破，捕获率会有所提高，经济成本将大幅降低，但是届时火电厂的比例也已经大幅降低，很多火电厂可能已经被清洁的可再生能源电力所替代，因此届时 CCS 技术的应用范围将明显缩小，减排效果也将大打折扣。三是 CCS 技术的贡献是通过 PHEV 来实现的，在近期和中期内，在售新车中 PHEV 的比例很小，并且销售的新车在总汽车保有量中的比例也很小，这造成 CCS 技术在近期和中期内对轻型车总 CO_2排放量的影响不大。

四、550EI 稳定情景

为了实现稳定目标，考虑在 E 减排情景基础上引入另一项车辆技术手段，即通过提高内燃机效率、应用混合动力系统和运用轻质车身材料来提高燃料经济性，建立 550EI 情景（550 代表稳定目标，E 代表电力，I 代表内燃机），包括 550EI1、550EI2、550EI3 三种子情景，对应插入式混合电动车发展的低、中、高假设。其中，燃料经济性的提高速度和幅度根据 CHINA550 减排目标的需要而确定。550EI 情景的作用是寻找实现 550ppmv 目标的技术途径，并考察插入式混合电动车和燃料经济性提高对实现稳定目标的不同贡献。550EI 情景的主要参数假设如表 5-16 所示。

表 5-16 550EI 稳定情景参数假设

排放目标约束：550ppmv	2010 年	2011 ~2050 年
单车年均行驶里程（km/年）	20 000	20 000
新车平均燃料经济性理论值（L/100km）	7.3	根据目标需要逐年改进
汽油车比例（包括使用燃料乙醇的 FFV）（%）	77.70	1 - 其他车辆%
柴油车比例（%）	21.3	21.3
550EI1 情景 PHEV 比例（%）	0	低发展
550EI2 情景 PHEV 比例（%）	0	中发展
550EI3 情景 PHEV 比例（%）	0	高发展
PHEV 燃料经济性（kWh/100km）	—	随时间变化
火电厂使用 CCS	否	否

550EI 稳定情景与 CHINABAU 和 CHINA550 目标曲线的比较如图 5-30 所示。由于引入了提高新车燃料经济性的假设，轻型车的 CO_2 排放大幅度降低，实现了与目标曲线的较好吻合。550EI 排放曲线与 CHINA550 目标曲线的累计排放量误差在 0.5% 以内，满足了 550ppmv 目标的要求，因此 550EI 情景可以成为稳定情景。

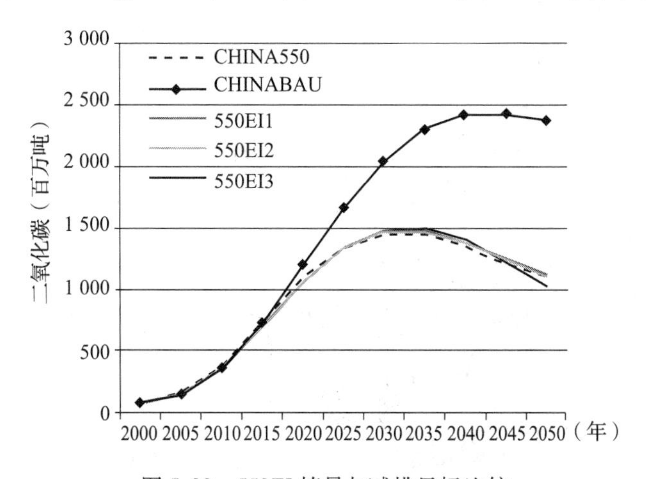

图 5-30 550EI 情景与减排目标比较

图 5-31 展示了 550EI 稳定情景对汽油新车的燃料经济性提出的要求，其中三个情景都需要提高燃料经济性以帮助减少 CO_2 排放，但其要求均未超出燃料经济性的技术极限值。由于 550EI1 采用了 PHEV 低发展假设，因此其对燃料经济性的要求最高，2050 年接近 4.2L/100km 水平。

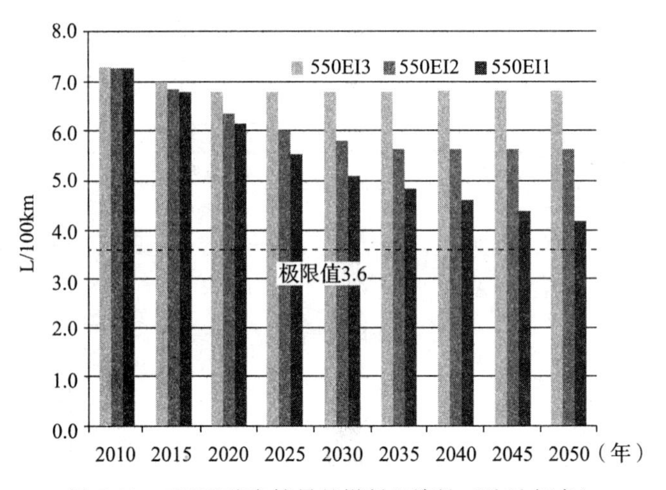

图 5-31　550EI 稳定情景的燃料经济性（汽油新车）

增加 PHEV 的使用会减少新车的平均 TTW 排放，提高燃料经济性也可以降低新车的平均 TTW 排放。比较图 5-32 与图 5-23，三个情景的 TTW 排放曲线彼此更加靠近，说明此时 PHEV 的发展规模对单车平均的 TTW 排放的影响已经不显著了。因此，在 550EI 情景中，由于燃料经济性的提高，PHEV 发展规模的不确定性对下游排放的影响明显减弱。

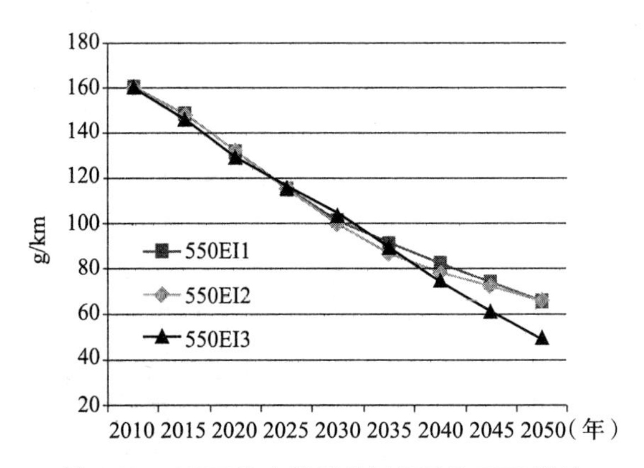

图 5-32　550EI 稳定情景的新车平均 TTW 排放

五、550ECI 稳定情景

在 550EI 稳定情景的基础上引入碳捕获和封存技术建立 550ECI 情景（550 代表稳定目标，E 代表电力，C 代表 CCS，I 代表内燃机），包括 550ECI1、550ECI2、

550ECI3 三种情景，对应插入式混合电动车发展的低、中、高假设。其中，燃料经济性的提高速度和幅度根据 CHINA550 减排目标的需要而确定。550ECI 情景的作用是寻找实现 550ppmv 目标的技术途径，并考察插入式混合电动车、CCS 技术、燃料经济性提高等对实现稳定目标的贡献。550ECI 情景的主要参数假设如表 5-17 所示。

表 5-17 550ECI 稳定情景参数假设

排放目标约束：550ppmv	2010 年	2011 ~2050 年
单车年均行驶里程（km/年）	20 000	20 000
新车平均燃料经济性理论值（L/100km）	7.3	根据目标需要逐年改进
汽油车比例（包括使用燃料乙醇的 FFV）（%）	77.70	1 - 其他车辆%
柴油车比例（%）	21.3	21.3
550ECI1 情景 PHEV 比例（%）	0	低发展
550ECI2 情景 PHEV 比例（%）	0	中发展
550ECI3 情景 PHEV 比例（%）	0	高发展
PHEV 燃料经济性（kWh/100km）	—	随时间变化
火电厂使用 CCS	是	是

550ECI 稳定情景与 CHINABAU 和 CHINA550 目标曲线的比较如图 5-33 所示。加入 CCS 技术后，CHINABAU 排放大幅度降低，实现了与目标曲线的较好吻合。550ECI 排放曲线与 CHINA550 目标曲线的累计排放量误差在 0.5% 以内，可以满足 550ppmv 目标的要求，因此 550ECI 情景可以成为稳定情景。

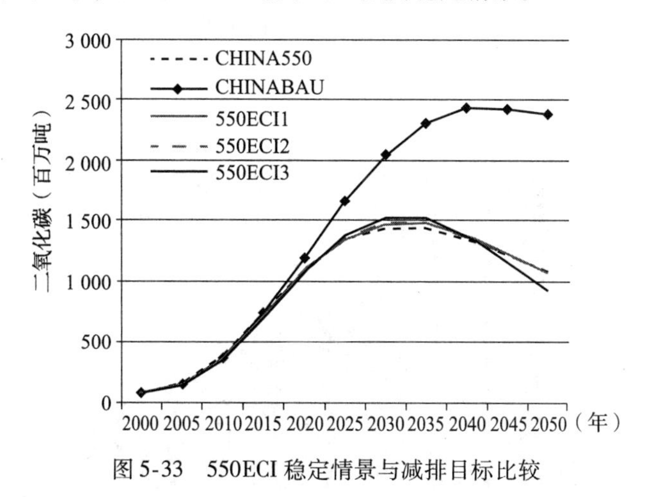

图 5-33 550ECI 稳定情景与减排目标比较

图 5-34 展示了 550ECI 稳定情景对汽油新车的燃料经济性提出的要求，其中三个情景都需要提高燃料经济性以帮助减少排放，但其要求均未超出燃料经济性的

技术极限值。由于 550ECI1 采用了 PHEV 低发展的假设，因此其对燃料经济性的要求最高，2050 年接近 4.3L/100km 水平。

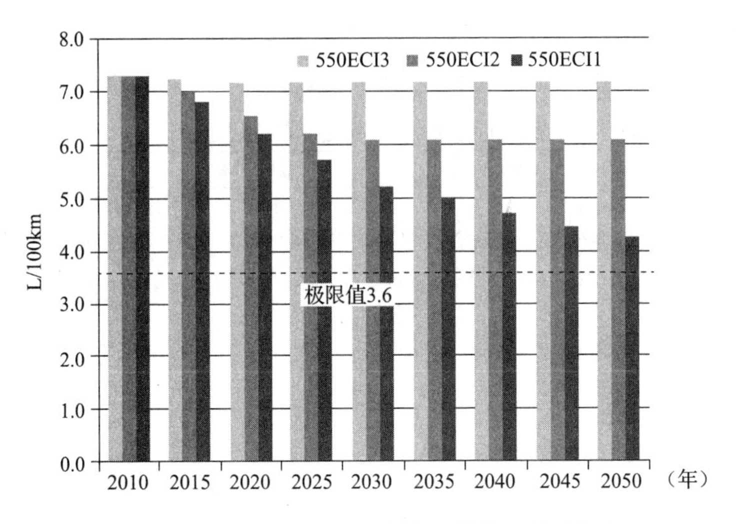

图 5-34　550ECI 稳定情景的燃料经济性（汽油新车）

图 5-35 是 550EI 与 550ECI 情景的新车平均 TTW 排放比较，其中 550ECI1、550ECI2 和 550ECI3 分别比 550EI1、550EI2 和 550EI3 高，但幅度不大。这说明在相同的 550ppmv 排放目标下，CCS 技术的应用使得燃料经济性承担的减排压力有所缓解，所需的燃料经济性改善的幅度减小，时间也有所推迟，从而造成 TTW 排放降低的幅度减小，速度减慢。

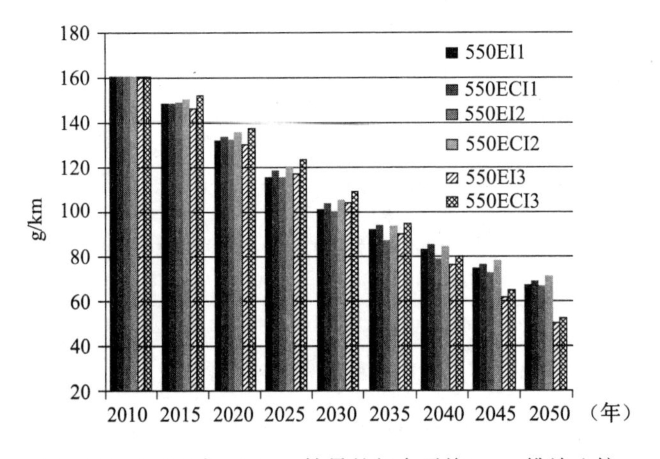

图 5-35　550EI 与 550ECI 情景的新车平均 TTW 排放比较

六、450EI 稳定情景

同样在E减排情景的基础上引入车辆技术手段，通过提高内燃机效率、应用混合动力系统和运用轻质车身材料来提高燃料的经济性，建立450EI情景（450代表稳定目标，E代表电力，I代表内燃机），包括450EI1、450EI2、450EI3三种情景，对应插入式混合电动车发展的低、中、高假设，其中燃料经济性的提高速度和幅度根据CHINA450减排目标的需要而确定。450EI情景的作用是寻找实现450ppmv目标的技术途径，并考察插入式混合电动车和燃料经济性提高对实现稳定目标的贡献。450EI情景的主要参数假设如表5-18所示。

表5-18 450EI稳定情景参数假设

排放目标约束：450ppmv	2010年	2011～2050年
单车年均行驶里程（km/年）	20 000	20 000
新车平均燃料经济性理论值（L/100km）	7.3	根据目标需要逐年改进
汽油车比例（包括使用燃料乙醇的FFV）（%）	77.70	1－其他车辆%
柴油车比例（%）	21.3	21.3
450EI1情景PHEV比例（%）	0	低发展
450EI2情景PHEV比例（%）	0	中发展
450EI3情景PHEV比例（%）	0	高发展
PHEV燃料经济性（kWh/100km）	—	随时间变化
火电厂使用CCS	否	否

450EI稳定情景与CHINABAU和CHINA450目标曲线的比较如图5-36所示。由于引入了提高新车燃料经济性的假设，轻型车的CO_2排放大幅度降低，实现了与目标曲线的较好吻合。450EI排放曲线与CHINA450目标曲线的累计排放量误差在1.0%以内。基本满足450ppmv目标的要求，因此450EI情景可以成为稳定情景。

图5-37展示了450EI稳定情景对汽油新车的燃料经济性提出的要求，其中三个情景都需要燃料经济性迅速且大幅度提高以帮助减少CO_2排放，并且在2020年之后都突破了燃料经济性的技术极限值，2050年的要求更加苛刻，接近1.0L/100km的极低水平，约为目前燃料经济性水平的$\frac{1}{7}$。目前看来，这种对燃料经济性的要求是几乎不可能实现的。

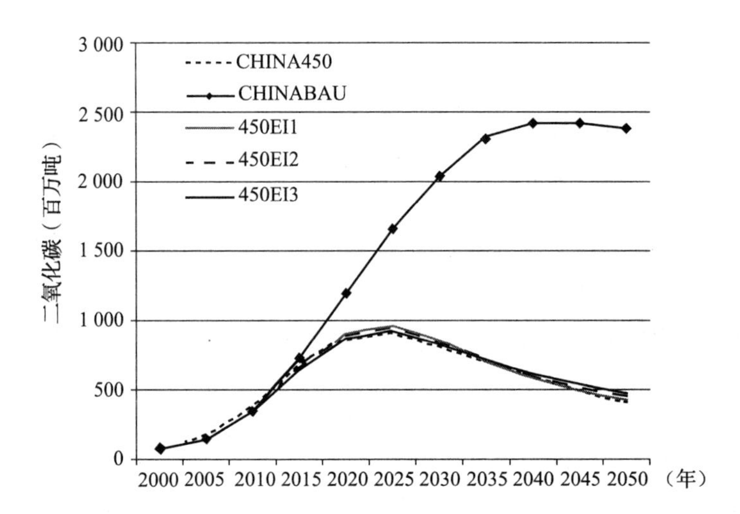

图 5-36　450EI 稳定情景与减排目标比较

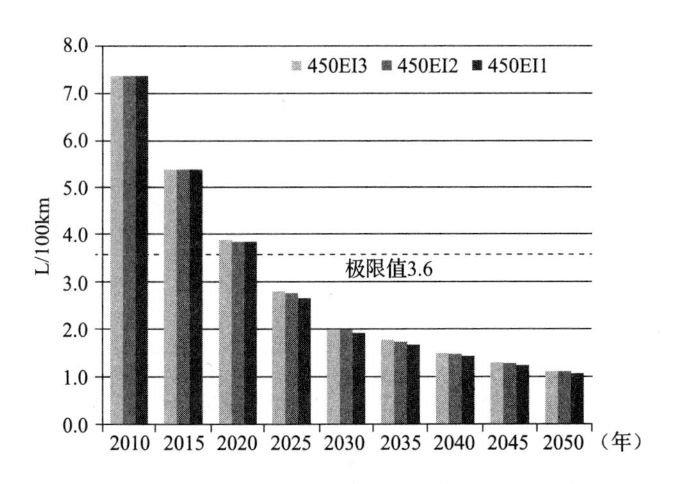

图 5-37　450EI 稳定情景的燃料经济性（汽油新车）

图 5-38 展示了 450EI 稳定情景的新车平均 TTW 排放，其中三个情景的单车 TTW 排放曲线在 2030 年降低到 40g/km，2050 年进一步降低至 20g/km 水平。

七、450ECI 稳定情景

在 450EI 稳定情景的基础上引入碳捕获和封存技术建立 450ECI 情景（450 代表稳定目标，E 代表电力，C 代表 CCS，I 代表内燃机），包括 450ECI1、450ECI2、450ECI3 三种情景，对应插入式混合电动车发展的低、中、高假设。其中，燃料经济性的提高速度和幅度根据 CHINA450 减排目标的需要而确定。450ECI 稳定情景的作用是寻找实现 450ppmv 目标的技术途径，并考察插入式混合电动车、CCS 技术、提高燃料经济性对实现稳定目标的不同贡献。450ECI 稳定情景的主要参数假设如表 5-19所示。

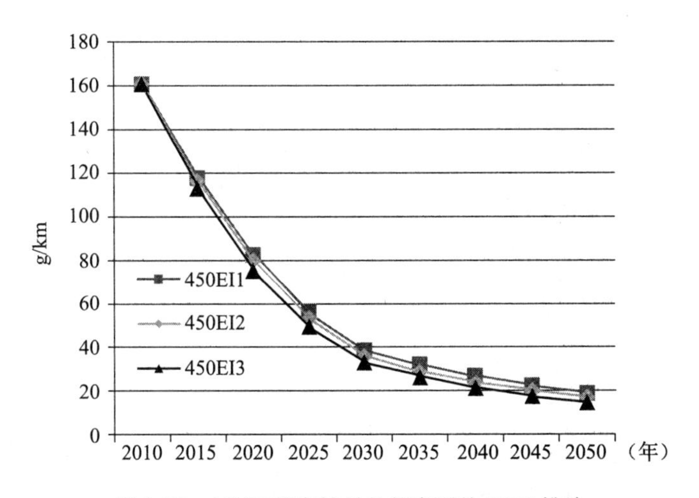

图 5-38 450EI 稳定情景的新车平均 TTW 排放

表 5-19 450ECI 稳定情景参数假设

排放目标约束：450ppmv	2010 年	2011 ~2050 年
单车年均行驶里程（km/年）	20 000	20 000
新车平均燃料经济性理论值（L/100km）	7.3	根据目标需要逐年改进
汽油车比例（包括使用燃料乙醇的 FFV）（%）	77.70	1 - 其他车辆%
柴油车比例（%）	21.3	21.3
450ECI1 情景 PHEV 比例（%）	0	低发展
450ECI2 情景 PHEV 比例（%）	0	中发展
450ECI3 情景 PHEV 比例（%）	0	高发展
PHEV 燃料经济性（kWh/100km）	—	随时间变化
火电厂使用 CCS	是	是

450ECI 稳定情景与 CHINABAU 和 CHINA450 目标曲线的比较如图 5-39 所示。加入 CCS 技术后，轻型车的 CO_2 排放大幅度降低，实现了与目标曲线的较好吻合。450ECI 排放曲线与 CHINA450 目标曲线的累计排放量误差在 1.0% 以内，可以满足 450ppmv 目标的要求，因此 450ECI 情景可以成为稳定情景。

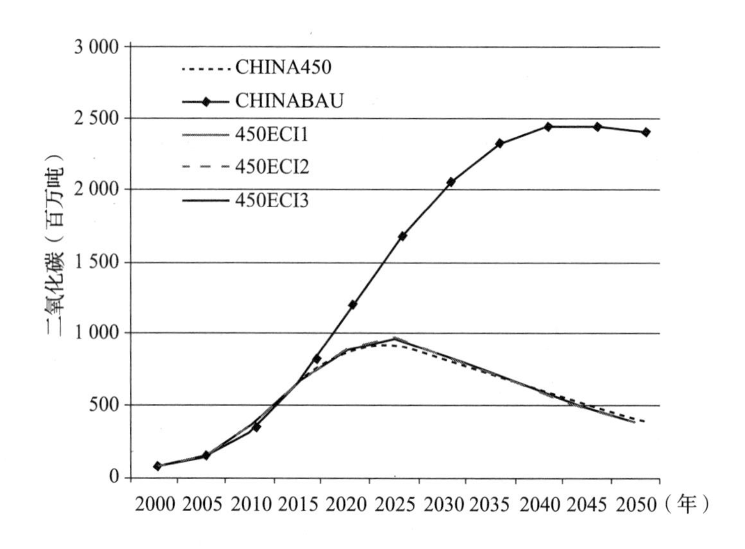

图 5-39　450ECI 稳定情景与减排目标比较

图 5-40 是 450ECI 稳定情景对汽油新车的燃料经济性提出的要求，其中三个情景都需要燃料经济性迅速且大幅度提高以帮助减少 CO_2 排放，并且在 2020 年之后都突破了燃料经济性的技术极限值。由于 CCS 技术的应用，2050 年对燃料经济性改善的要求稍有缓解，但是依然在 1. 0L/100km 至 2. 0L/100km 的极低范围内。由于 450ECI3 采用了 PHEV 高发展的假设，因此其对燃料经济性要求的变化最为明显，2050 年由 1. 1L/100km 提高到 1. 6L/100km，放松了一些。

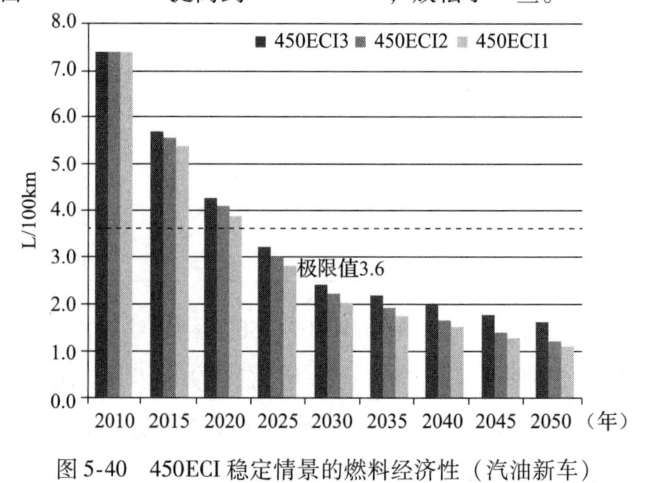

图 5-40　450ECI 稳定情景的燃料经济性（汽油新车）

图5-41展示了450EI与450ECI情景的新车平均TTW排放比较，其中450ECI1、450ECI2和450ECI3分别比450EI1、450EI2和450EI3高，但差别不太大。这说明在相同的450ppmv排放目标下，由于CCS技术的应用，燃料经济性承担的CO_2减排压力有所缓解，从而造成TTW排放的降低幅度减小，降低速度减慢。该结果与第五章第四节第五小节中比较550EI与550ECI情景得出的结论一致，即CCS技术对轻型车部门而言仅有少量的减排效果。

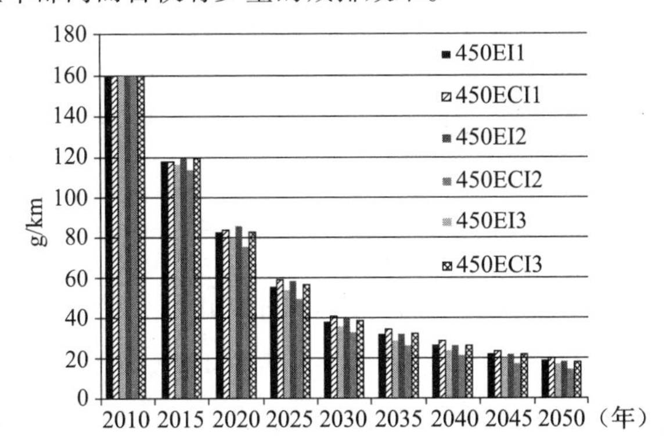

图5-41 450EI与450ECI情景的新车平均TTW排放比较

八、550EI和450EI、550ECI和450ECI情景比较

通过对550EI和450EI、550ECI和450ECI情景进行比较（见图5-42和图5-43），研究应用电动车和CCS技术分别实现未来我国道路交通部门550ppmv和450ppmv稳定目标的可能性及难度。

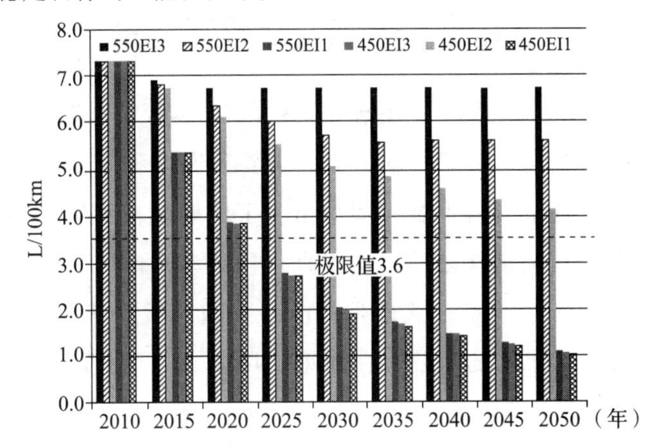

图5-42 550EI和450EI情景的燃料经济性（汽油新车）比较

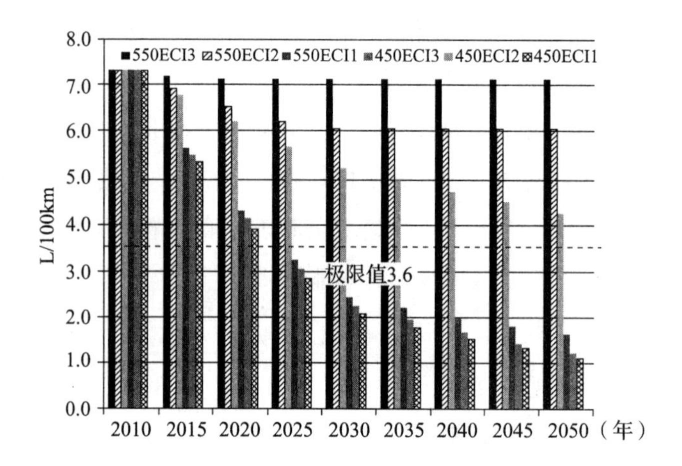

图 5-43　550ECI 和 450ECI 情景的燃料经济性（汽油新车）比较

从图 5-42 和图 5-43 中可以看到，550EI 和 550ECI 情景中汽油新车的燃料经济性要求都没有超过理论极限值，而 450EI 和 450ECI 情景中汽油新车的燃料经济性要求全部在 2020～2025 年间降低到了极限值以下。这说明 550ppmv 目标的实现难度可以视为“量变”，而 450ppmv 目标的实现难度已经从“量变”发展到了“质变”。因此，应用电动车和 CCS 技术实现 550ppmv 目标是有一定可行性的，但是对于更高的 450ppmv 目标而言，除非车辆技术产生革命性的改变，从技术角度看仅仅应用电动车和 CCS 技术实现这个目标的可能性极低。

第五节　限制发展政策情景

在考虑了几种新技术和新燃料的 CO_2 减排情景之后，木节进一步研究采用限制汽车发展政策进行 CO_2 减排的潜力。主要研究两种限制政策，第一种是限制车辆的使用，这是当前很多大型城市为了缓解城市拥堵、改善空气质量而普遍采用的车辆管制措施之一，这将直接导致单车的年行驶里程减少；第二种是限制车辆增长的政策，这也是目前一些城市减少年新车增量的做法，这将造成汽车保有率水平的下降，在模型中可以通过调低汽车发展的饱和水平这一参数来实现。

对于第一种限制政策，一方面，要考虑未来几十年里轻型车年均行驶里程的变化情况。随着中国经济的快速稳定发展，汽车普及率不断提高，汽车总保有量持续激增，会引起城市道路交通拥堵、空气污染加剧等一系列问题。另一方面，随着减缓气候变化成为各国共同的行动目标，我国也必然会实行减少汽车排放的相应政策。综合以上因素，考虑未来中国汽车使用受到限制的情景，例如采用限号行驶、提高停车费用、收取城市拥堵费等措施，直接限制车辆的出行活动。这种情况与日本汽车使用情况类似，目前日本的汽车保有率水平虽然高达600辆/千人，但是年行驶里程水平较低，仅为每年8 000～9 000km，这与日本限制汽车行驶的政策直接相关。为了研究这种可能的情况，假设未来我国轻型车的单车行驶里程每年减少200km，到2050年时达到年均12 000km，并进行减排情景分析，记为R0。

另一种限制政策是改变汽车增长模式，例如一些城市已经通过设置新车配额和摇号获取车牌或车牌拍卖和购买等措施来减少每年新增的车辆数量，在这种政策影响下，对汽车增长的影响是非常显著的，有可能会使汽车增长由THU400预测降低到THU200预测，汽车保有量减少一半，CO_2排放也会大大降低，这种减排情景记为R1。

一、R0减排情景

R0减排情景采用了年均行驶里程每年减少200km的假设（R0代表限制车辆使用）。R0减排情景的作用是评估限制汽车使用政策对CO_2总排放量的影响，并考察其对实现浓度稳定目标的贡献。R0减排情景的主要参数假设如表5-20所示。

表5-20　R0减排情景参数假设

	2010年	2011～2050年
单车年均行驶里程（km/年）	20 000	200km/年递减
轻型车增长预测的饱和水平（辆/千人）	400	400
新车平均燃料经济性理论值（L/100km）	7.3	7.3
汽油车比例（包括使用燃料乙醇的FFV）（%）	77.70	77.70
柴油车比例（%）	21.3	21.3
乙醇使用量（万吨）	150	150

采用限制汽车行驶政策后，轻型车CO_2排放总量明显降低，而且降幅较大，约为$\frac{2}{5}$，已经比较接近CHINA550目标排放，但是与CHINA450目标排放还有相当

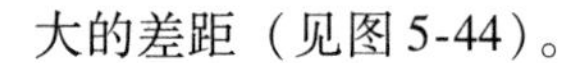
大的差距（见图5-44）。

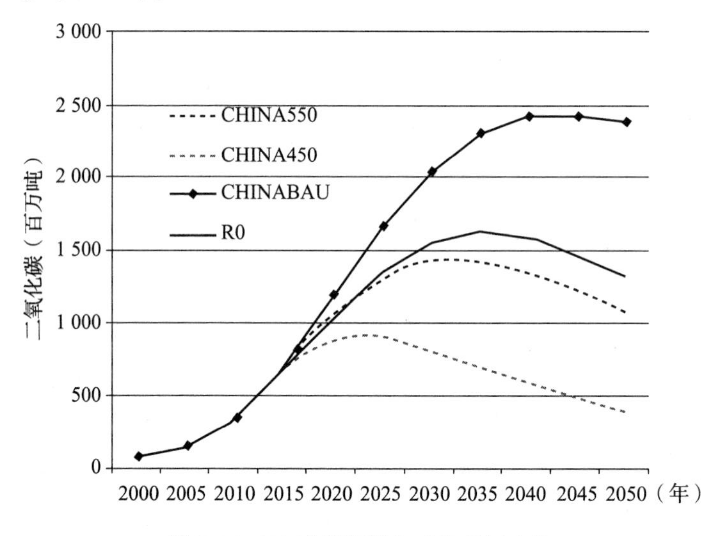

图5-44　R0减排情景与减排目标比较

二、550RI0、450RI0稳定情景

在R0减排情景的基础上，进一步采用提高燃料经济性的做法进行减排，从而实现CHINA550和CHINA450排放目标，分别记为550RI0和450RI0稳定情景（550和450代表稳定目标，I代表内燃机，R0代表限制车辆使用）。550RI0和450RI0稳定情景的主要参数假设如表5-21所示。

表5-21　550/450RI0稳定情景参数假设

排放目标约束：550ppmv/450ppmv	2010年	2011～2050年
单车年均行驶里程（km/年）	20 000	200km/年递减
轻型车增长预测的饱和水平（辆/千人）	400	400
新车平均燃料经济性理论值（L/100km）	7.3	根据目标需要逐年改进
汽油车比例（包括使用燃料乙醇的FFV）（%）	77.70	77.70
柴油车比例（%）	21.3	21.3
乙醇使用量（万吨）	150	150

550RI0和450RI0稳定情景与CHINABAU、CHINA550及CHINA450目标曲线的比较如图5-45所示。由于引入了提高新车燃料经济性的假设，R0情景排放进一步降低，实现了与目标曲线的较好吻合。550RI0排放曲线与CHINA550目标曲线的累计排放量误差在0.5%以内，450RI0排放曲线与CHINA450目标曲线的累计排

放量误差在 1.0% 以内，满足了 550ppmv 目标和 450ppmv 目标的要求，因此 550RI0 和 450RI0 情景都可以成为稳定情景。

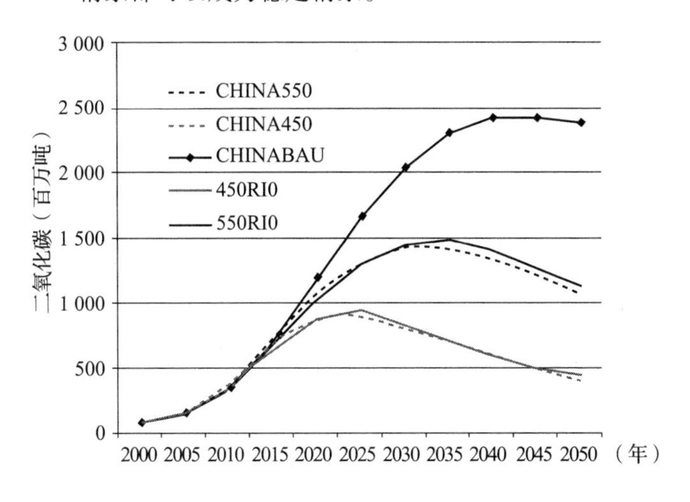

图 5-45　550/450RI0 稳定情景与减排目标比较

图 5-46 是 550RI0 和 450RI0 情景里汽油新车的燃料经济性比较。可以看到，为了实现 550ppmv 目标，除了采取限制车辆使用政策外，对燃料经济性也有一定要求，理论值需要降低 1L/100km 左右，在目前看来这是完全可以实现的。但是，对于 450ppmv 目标，燃料经济性的要求进一步提高，在 2025 年就已经突破了理论极限值 3.6L/100km，远期要降低到 2.6L/100km 左右。除非车辆技术产生革命性突破，否则这个技术要求是很难实现的，因此 450RI0 情景的可行性不高。

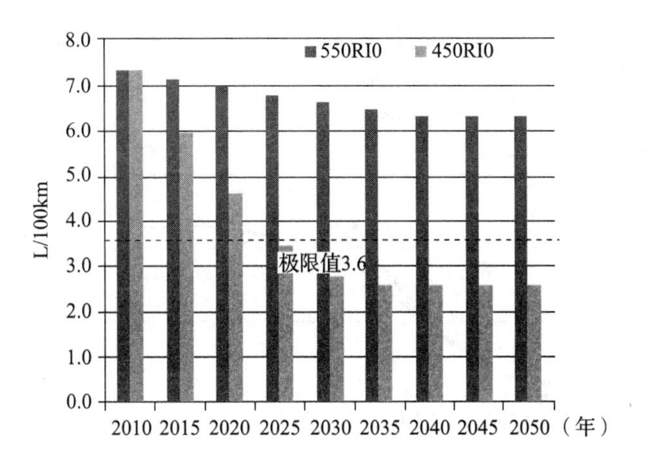

图 5-46　550RI0 和 450RI0 情景的燃料经济性（汽油新车）比较

三、R1 减排情景

R1 减排情景采用了限制汽车增长模式的假设，将汽车保有量预测从 THU400 调低至 THU200（R1 代表限制汽车增长，其中 1 为数字）。R1 减排情景的作用是评估限制汽车增长政策对 CO_2 排放总量的影响，并考察其对实现 CO_2 浓度稳定目标的贡献。R1 减排情景的主要参数假设如表 5-22 所示。

表 5-22　R1 减排情景参数假设

	2010 年	2011～2050 年
单车年均行驶里程（km/年）	20 000	20 000
轻型车增长预测的饱和水平（辆/千人）	200	200
新车平均燃料经济性理论值（L/100km）	7.3	7.3
汽油车比例（包括使用燃料乙醇的 FFV）（%）	77.70	77.70
柴油车比例（%）	21.3	21.3
乙醇使用量（万吨）	150	150

采用限制汽车增长政策后，轻型车 CO_2 排放总量大幅度降低，降幅接近了 50%，并且明显低于 CHINA550 目标排放，换言之，该情景超额实现了 550ppmv 目标。但是 R1 情景排放与 CHINA450 目标排放相比还有一定差距，主要体现在 2020 年之后（见图 5-47）。

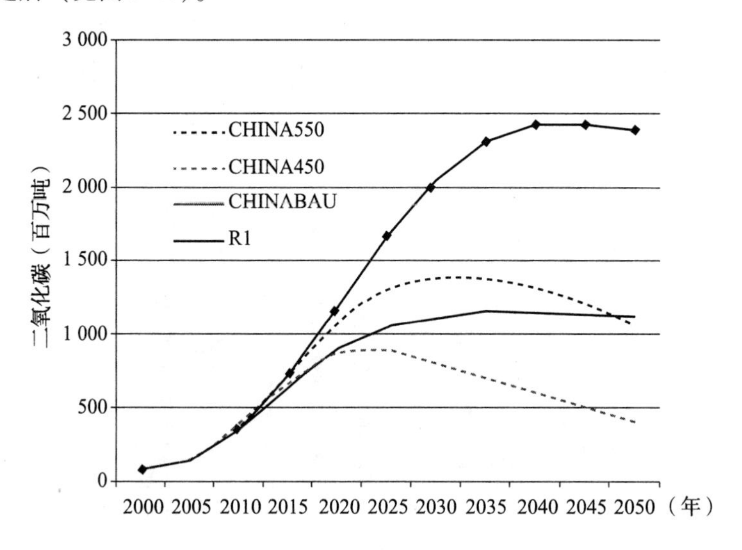

图 5-47　R1 减排情景与减排目标比较

四、450RI1 稳定情景

在 R1 减排情景的基础上，进一步采用提高燃料经济性的做法进行减排，从而实现 CHINA450 排放目标，记为 450RI1 稳定情景（450 代表稳定目标，I 代表内燃机，R1 代表限制车辆增长）。450RI1 稳定情景的主要参数假设如表 5-23 所示。

表 5-23 450RI1 稳定情景参数假设

排放目标约束：450ppmv	2010 年	2011～2050 年
单车年均行驶里程（km/年）	20 000	20 000
轻型车增长预测的饱和水平（辆/千人）	200	200
新车平均燃料经济性理论值（L/100km）	7.3	根据目标需要逐年改进
汽油车比例（包括使用燃料乙醇的 FFV）（%）	77.70	77.70
柴油车比例（%）	21.3	21.3
乙醇使用量（万吨）	150	150

450RI1 稳定情景与 CHINABAU、R1 和 CHINA450 目标曲线的比较如图 5-48 所示。由于引入了提高新车燃料经济性的假设，R1 情景排放进一步降低，实现了与 CHINA450 目标曲线的较好吻合。450RI0 排放曲线与 CHINA450 目标曲线的累计排放量误差在 1.0% 以内，满足了 450ppmv 目标的要求，因此 450RI1 情景可以成为稳定情景。

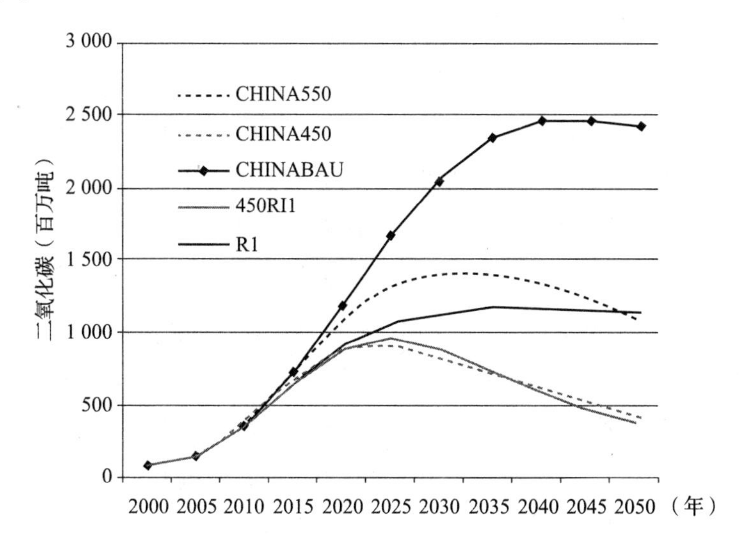

图 5-48 R1 减排情景、450RI1 稳定情景与减排目标比较

图 5-49 是 450RI1 情景里汽油新车的燃料经济性要求。可以看到，为了实现 450ppmv 目标，除了需要采取限制车辆使用的政策外，对燃料经济性也提出了很高的要求，要求在 2035 年左右就突破理论极限值 3.6L/100km，远期降低到 2.2L/100km左右。在可预见的车辆技术发展前景下，上述要求是难以实现的，因此 450RI1 情景的可行性非常低。

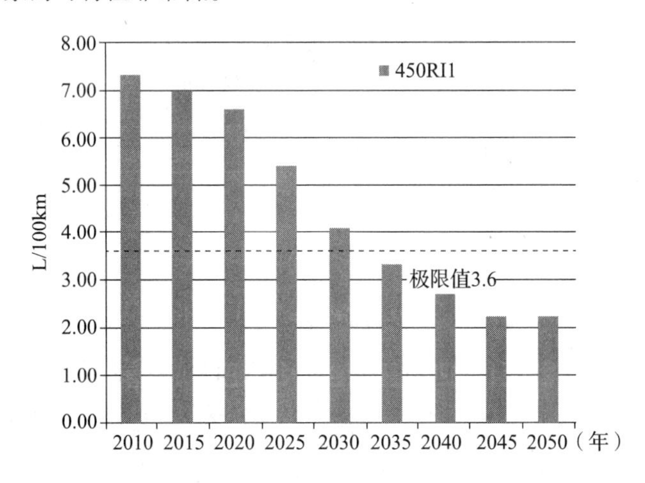

图 5-49　450RI1 情景的燃料经济性（汽油新车）

五、R0 和 R1 情景比较

对 R0 和 R1 减排情景进行比较（见图 5-50），研究对汽车采取限制使用和限制增长两种措施的减排效果。可以看到，一方面，改变汽车增长模式，控制汽车总量的政策对减少排放的效果更加明显。但是未来我国交通需求并不会随着控制汽车总量而减少，随着经济发展和人民生活水平的提高，交通需求的增长是一种客观趋势。因此，虽然限制汽车增长的政策虽然会对减少 CO_2 排放产生立竿见影的作用，但是如果严格实行也会对经济和社会发展造成一定影响，或者换句话说，这种政策忽视了客观需要，比较理想化，难以长期实施。作者认为，解决这个问题宜“疏”不宜“堵”。由于各种交通方式之间具有可替代性，因此可以通过向其他交通方式合理引导来解决我国未来迅速增长的交通需求。因为相对于以轻型车为主的私人交通方式，其他各类交通工具（如公共汽车、轨道交通等）都具有高效率、低能耗、低排放的明显优势。人口众多、土地资源紧缺、环境承载能力薄弱是我国的基本国情，并且在相当长的时期内无法改变，因此私人交通的发展应该量力而行，不宜盲目追求较高的汽车保有率水平。然而，具体的实现路径仅靠新车配额和摇号等措施是行不通的，政府必须将主要工作放在提供更充足、更便捷、更高效、更清洁、更低碳的公共交通服务方面。

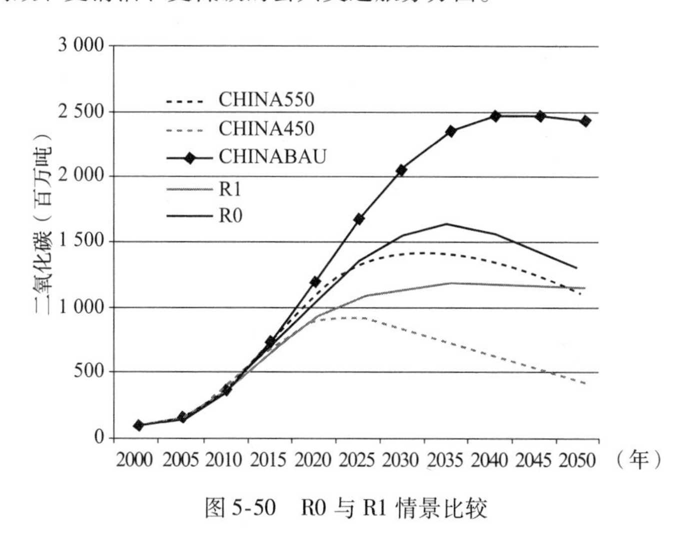

图 5-50 R0 与 R1 情景比较

另一方面，未来 10 年是我国汽车增长的重要时期，而短期内可以商业化应用的新车辆技术和新燃料技术比较少，有可能会错过车辆更新换代的最佳时机，使大规模传统技术车辆投入使用，成为未来 20 年至 30 年内汽车总量中的存量部分，并将对轻型车的 CO_2 排放总量规模发挥主导作用。因此，限制车辆增长政策实际上是解决近期和中期汽车排放规模增长过快的最有效的途径，也为新技术的成长留出时间。

六、550I 和 550RI0 情景比较

对 550I 和 550RI0 稳定情景的汽油新车燃料经济性进行比较（见图 5-51），研究采取限制车辆使用措施，对燃料经济性改善要求的减缓作用，并寻求 550ppmv 目标的可行方案。

550I 情景只考虑了内燃机进步、采用混合动力系统、应用轻质车身材料等提高传统汽、柴油车燃料经济性的做法。从图 5-51 中可以看到，由于对燃料经济性的要求突破极限值，因此 550I 是不可行方案。但是，进一步采取限制车辆使用措

施后，对燃料经济性的要求得到明显缓解，没有低于理论限制，可以认为这是可行的方案。因此，可以联合采取限制车辆使用和提高燃料经济性的做法实现550ppmv 目标。

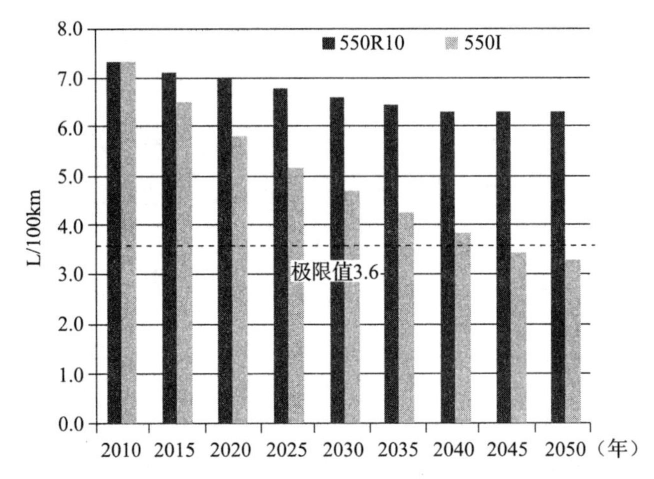

图 5-51　550I 和 550RI0 稳定情景的燃料经济性（汽油新车）比较

七、450I、450RI0 和 450RI1 情景比较

类似地，对 450I、450RI0 和 450RI1 稳定情景的汽油新车燃料经济性进行比较（见图 5-52），研究采取限制车辆使用措施对燃料经济性要求的减缓作用，寻求450ppmv 目标的可行方案。

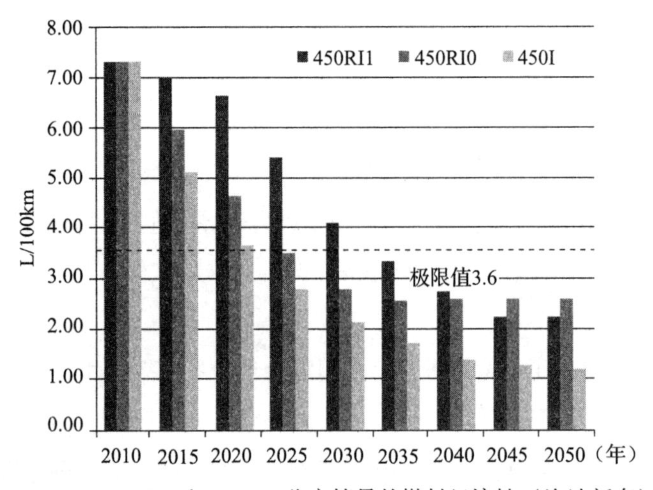

图 5-52　450I、450RI0 和 450RI1 稳定情景的燃料经济性（汽油新车）比较

450I 情景只考虑了提高传统汽、柴油车燃料经济性，450RI0 和 450RI1 则分别引入了限制车辆使用与限制车辆增长的政策。由于燃料经济性突破极限值，因此 450I 是不可行方案。进一步采取限制车辆使用和限制车辆增长措施后，对燃料经济性的要求得到一定程度的缓解，但是仍然低于理论极限值，无法成为可行方案。因此，即使联合采取限制汽车发展政策和提高燃料经济性的做法，也难以实现 450ppmv 目标。

八、450R1IB 稳定情景

由于以上建立的若干情景中尚未找到实现 450ppmv 目标的可行方案，即缺少 450 稳定情景，因此，下面在 450RI1 情景基础上，进一步采取大量应用燃料乙醇的手段辅助实现排放目标，以期找到技术可行的稳定情景，记为 450R1IB1、450R1IB2 和 450R1IB3（450 代表稳定目标，R1 代表限制汽车增长，I 代表内燃机，B 代表生物质，1、2、3 分别代表乙醇产量高、中、低预测），分别对应着燃料乙醇产能的高、中、低预测。由于限制汽车增长的减排效果优于限制车辆使用，因此此处仅考虑限制车辆增长与提高燃料经济性、大量使用燃料乙醇两种手段联合使用的减排情景，不再考虑限制车辆使用与其他两种手段联合使用的情况。450R1IB 稳定情景的主要参数假设如表 5-24 所示。

表 5-24　450R1IB 稳定情景参数假设

排放目标约束：450ppmv	2010 年	2011～2050 年
单车年均行驶里程（km/年）	20 000	20 000
轻型车增长预测的饱和水平（辆/千人）	200	200
新车平均燃料经济性理论值（L/100km）	7.3	根据目标需要逐年改进
汽油车比例（包括使用燃料乙醇的 FFV）（%）	77.70	77.70
柴油车比例（%）	21.3	21.3
450R1IB 1 情景乙醇使用量（万吨）	150	高预测产量
450R1IB 2 情景乙醇使用量（万吨）	150	中预测产量
450R1IB 3 情景乙醇使用量（万吨）	150	低预测产量

图 5-53 是在 450R1IB 情景中对汽油新车燃料经济性提出的要求。可以看到，在三种减排手段的联合作用下，对燃料经济性改善的要求终于提高至理论极限值以上，由此找到了 450ppmv 目标的可行方案，即 450R1IB1 和 450R1IB2 稳定情景。

但是，450R1IB3 情景的燃料经济性理论值仍然低于极限值，是不可行方案。这说明燃料乙醇产量越低，对燃料经济性的要求越接近极限值，CHINA450 排放目标的实现难度越大。而且，由于燃料乙醇产能受可利用土地、生物质资源、技术突破时间等多方面因素影响，因此未来产量预测存在较大不确定性，这导致 450R1IB1 和 450R1IB2 情景的可行性也存在很大不确定性。由此可见，CHINA450 排放目标的实现概率比较低。

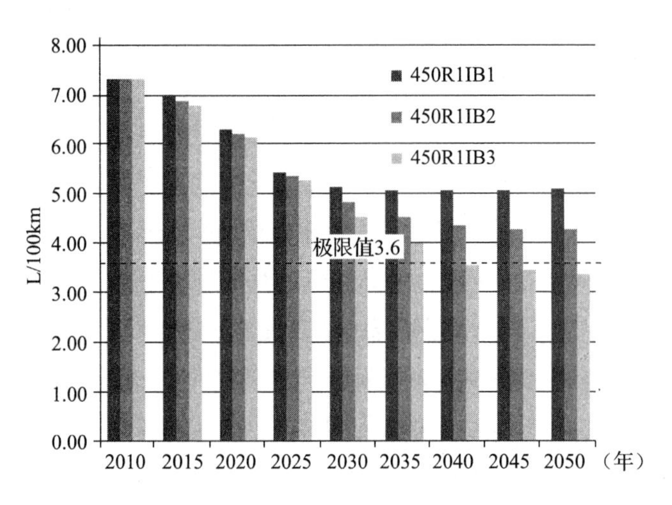

图 5-53 450RI1B 稳定情景的燃料经济性（汽油新车）

本章小结

本章以 550ppmv 和 450ppmv 的 CO_2稳定水平为宏观目标，讨论了如何研究汽车部门实现该目标的可能性与具体路径的定量研究方法，并以未来几十年我国轻型车的 CO_2排放为例，展示了上述方法的应用。本章建立了由技术手段和管理措施组合而成的 5 组共 38 个排放情景，包括 1 个基线情景（CHINABAU），2 个传统汽、柴油车进步情景（550/450I），9 个生物质液体燃料替代情景（B、550/450BI），18 个插入式混合电动车和碳捕获应用情景（E、EC、550/450EI、550/450ECI），8 个限制发展情景（R0、550/450RI0、R1、450RI1、450R1IB），如表 5-25 所示。

表 5-25 第五章排放情景总结

减排措施组合 \ 情景分类	BAU 情景	550 情景	450 情景	减排情景
无减排措施	1			
改进燃料经济性		1	1	
生物质乙醇				3
生物质乙醇 + 改进燃料经济性		3	3	
电动车				3
电动车 + 改进燃料经济性		3	3	
电动车 + CCS				3
电动车 + CCS + 改进燃料经济性		3	3	
限制汽车增长或使用		1		1
限制汽车增长或使用 + 改进燃料经济性		1	2	
限制汽车增长或使用 + 改进燃料经济性 + 生物质乙醇			3	
总计	38			

在情景设计中，对燃料技术、车辆技术的发展前景采取了非常乐观的估计，对限制汽车发展和使用的政策假设也偏于严格。尽管如此，结果表明，满足450ppmv 目标的稳定情景却仅有两个，满足 550ppmv 目标的稳定情景有 11 个，而且这些情景都存在较大的不确定因素，使得方案的可行性受到影响。例如，以削减一半汽车增长、大量推广燃料乙醇、明显提高燃料经济性三种手段联合使用达到 450ppmv 目标的情景中，如果乙醇产能在 2040 年时无法达到 3 000 万吨规模和70% 左右的纤维素乙醇比例，那么，对燃料经济性的要求就将突破 3. 6L/100km 的理论极限值，使得该情景虽然满足了排放目标，却从技术上失去了可行性。

在乐观地估计燃料技术、车辆技术发展前景或采取限制政策的条件下，我国轻型车部门的 550ppmv 目标有望实现，但是实现 450ppmv 目标的希望渺茫。造成减排困难的原因主要有两方面：第一方面是未来 10 至 20 年我国汽车保有量将会迅速增加，排放增长的压力非常大；第二方面是在道路交通排放中，存量汽车的排放起主导作用，新增汽车采用新技术产生的减排效果对排放总量的影响十分有限，而且具有延迟性。

结果还表明，依靠单一调控技术无法实现排放目标，必须联合使用多种调控技术和管理措施。在制订方案时，应充分考虑每种技术的自身特点：①通过改进内燃机效率、应用混合动力系统、采用轻质车身材料等途径提高燃料经济性是效果最好、难度最小的技术手段。但是，受3.6L/100km理论极限值约束，其累积减排效果的总量有一定限度。②燃料乙醇受资源和技术限制，近期产能难以迅速增加，因此短期内的减排效果不明显。未来若要使燃料乙醇充分发挥减排作用，则要求2030年供应量不低于1 700万吨，纤维素比例不低于45%。③如果电动车年销售量在2020年超过500万辆，2050年达到2 300万辆，那么对实现550ppmv目标会产生80%以上的减排贡献，但是以目前的技术、成本和配套设施状况，实现这样的发展规模难度很大。④CCS技术可以通过电动车间接发挥减排作用，但是近期进行商业化大规模应用是不现实的。2030年以后，如果全国火电厂的CO_2平均捕获率超过50%，有可能对电动车生命周期排放量产生比较明显的影响，对排放目标的实现产生一定的积极作用。

预计未来10至20年是我国汽车市场的快速成长期，是道路部门减排的重要机遇期。如果能充分利用新车销量成倍增长的契机，加大力度淘汰高排放的旧车型，大规模引入清洁的新能源汽车，将会迅速摆脱存量汽车主导排放规模的困难局面，产生显著的减排效果。但是各种技术近期的商业化应用面临着诸多困难，使得我们有可能错失良机。因此，如果暂时利用政策手段控制汽车增长，等待技术突破和成本下降过程完成，再逐步释放汽车购买需求，可能是一种可行且效果较好的做法。这种做法不适用于发达国家，因为在成熟的汽车市场里销量比较稳定，增量汽车相对于存量汽车比例过低。

基于以上结果，作者认为对我国轻型车部门而言550ppmv排放目标尚须付出艰苦努力才能实现，而450ppmv排放目标则显得过于苛刻，基本是不现实的。在应对气候变化的国际谈判中，我国应从自身情况出发，对450ppmv浓度稳定目标保持高度警惕，采取谨慎的态度。

参考文献

[1] 申威. 中国未来车用燃料生命周期能源、GHG排放和成本研究[D]. 北京：清华大学公共管理学院，2007.

[2] National Academy of Science. Climate Stabilization Targets: Emissions, Concentrations, and Impacts over Decades to Millennia. Report in Brief[R/OL]. [2010-09-

03]. http://dels. nas. edu/Materials/Report-In-Brief/4344-Stabilization-Targets.

[3] 国家能源局. 生物质能发展“十三五”规划[Z/OL]. [2016-12-20]. http://nea. gov. cn.

[4] 柴沁虎. 生物质车用替代能源产业发展研究[D]. 北京:清华大学公共管理学院, 2008.

[5] 章克昌. 发展“燃料酒精”的建议[J]. 中国工程科学, 2000, 2(6): 89-93.

[6] 倪维斗, 李政, 靳晖. 对用生物质原料生产燃料用乙醇之我见[J]. 中国工程科学, 2001, 3(5): 44-49.

[7] 谢铭, 李肖. 广西木薯生物燃料乙醇产业发展分析[J]. 江苏农业科学, 2010(3): 471-474.

[8] 国家发展和改革委员会, 公安部, 财政部, 等. 关于印发《车用乙醇汽油扩大试点方案》和《车用乙醇汽油扩大试点工作实施细则》的通知[S/OL]. [2006-10-12]. http://www. law-lib. com/law/law_view. asp?id = 97771.

[9] 袁振宏. 我国生物质液体燃料发展现状与前景分析[J]. 太阳能, 2007(6): 5-10.

[10] 王仲颖, 李俊峰. 中国可再生能源产业发展报告2007[M]. 北京: 化学工业出版社, 2007: 44.

[11] 严陆光. 中国能源可持续发展若干重大问题研究[M]. 北京: 科学出版社, 2007.

[12] 严良政, 张琳, 王士强, 等. 中国能源作物生产生物乙醇的潜力及分布特点[J]. 农业工程学报, 2008, 24(5): 213-216.

[13] 袁振宏, 等. 生物质能利用原理与技术[M]. 北京:化学工业出版社, 2005: 20.

[14] 顾树华. 开发利用生物质能是我国农林业发展的重要领域[J]. 中国能源, 2006, 28(9): 11-15.

[15] 顾树华, 曾麟. 中国生物液体燃料的生产现状与前景[J]. 中国建设动态: 阳光能源, 2005(12): 56-58.

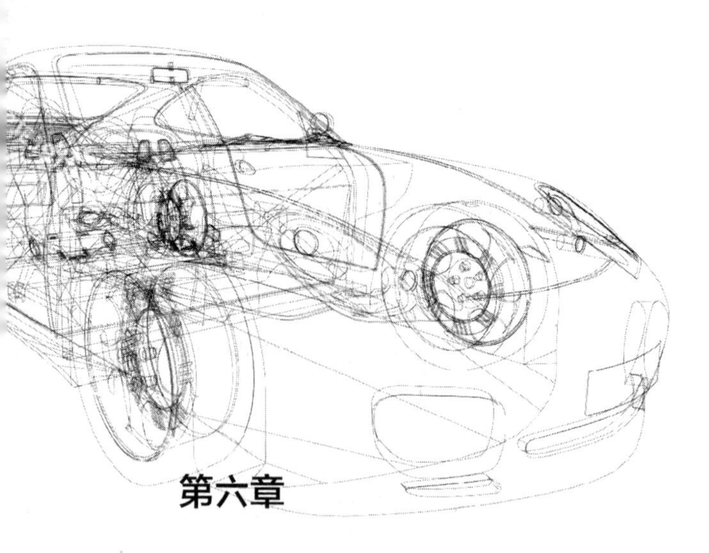

第六章

中国其他车辆减排潜力分析

第四章和第五章重点介绍了如何从全球应对气候变化的最终目标（温升控制在2℃以内）出发，落实到我国轻型车部门的CO_2减排目标，以及应用交通模型和气候模型的耦合进行情景分析的研究方法与结果。为了便于进行国际对比研究，本书按照当前我国民用汽车的分类，将小型和微型载客汽车、轻型和微型载货汽车定义为轻型车（详见第三章），这部分车辆占我国民用汽车保有量的80%以上（见图6-1），是当前和未来道路部门交通活动的主体，也是汽车CO_2排放的主要来源。除轻型车外，还有一定比例的“其他车辆”，主要是指中型和大型载客汽车、中型和重型载货汽车以及其他汽车。本章主要以上述三种汽车为研究对象，将它们分别简称为大中型客车、重中型货车和其他汽车。首先，分析除轻型车以外的几种汽车的未来增长趋势和CO_2减排重点，然后，针对重型货车进行重点介绍，通过情景分析来研究其减排潜力。

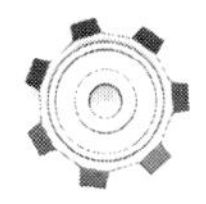

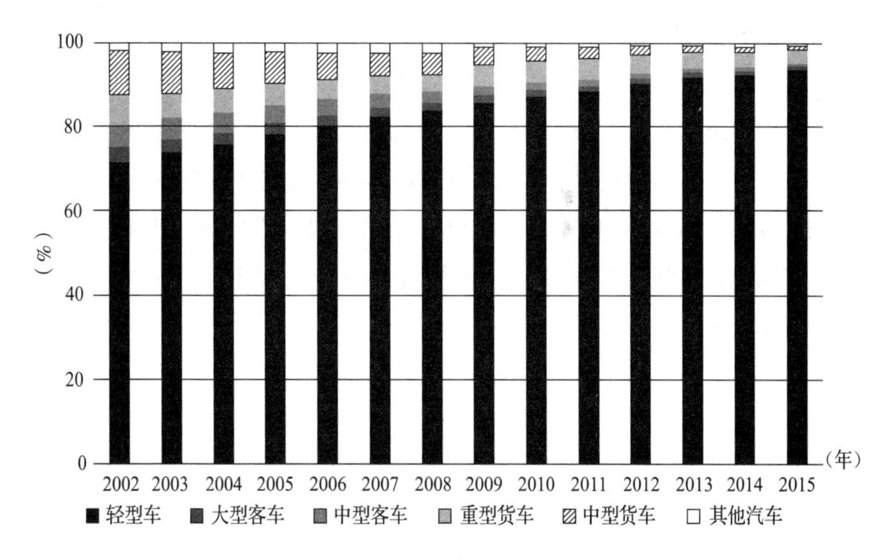

图 6-1　2002～2015 年民用汽车保有量（按车辆种类划分）

第一节　其他车辆增长趋势与未来 CO_2 减排重点

回顾 2002～2015 年[㊀]我国民用汽车保有量的增长情况，可以发现，民用汽车保有量持续较快增加主要是由轻型车的爆发式增长造成的，主要贡献来自小型客车（轿车为主）。如图 6-2 所示，仅有小型客车的年均增速（24.5%）超过了民用汽车总保有量的年均增速（17.3%），对民用汽车保有量增长起到了正向拉动作用，而其他类型汽车的年均增速都低于民用汽车总保有量的年均增速，表明他们全部“拖了后腿”。除轻型车外的其他车辆，即在大型客车、中型客车、重型货车、中型货车和其他汽车这五种类型中，中型客车、中型货车是年均负增长（分别为 -1.2%、-2.9%），表明其保有量正在逐年萎缩，重型货车（10.3%）和大型客车（4.9%）保持较好的增长态势，但是其增速都低于民用汽车保有量的增速。

在本章重点讨论的三种汽车中，如图 6-3 所示，2002～2008 年，大中型客车、

㊀ 在《中国统计年鉴》中，从 2002 年起，载客汽车和载货汽车的其中分项、其他汽车统计口径有调整，与之前年份不可比，因此本书选取自 2002 年开始的历史数据进行说明。

重中型货车和其他汽车基本保持同步增长的趋势，但是自2009年开始三种汽车出现了明显分化：大中型客车仍保持之前的增长态势，但增速有所放缓，并在2011年达到高峰后出现了小幅下降；重中型货车保有量却自2009年开始出现“井喷”之势，在三年内急速增加实现了翻一番（2011年重中型货车保有量是2002年的两倍），并在2011年和2014年出现了两个高峰，之后进入平台期；其他汽车在2009年后出现了保有量下降，至2014年才恢复到2008年的水平。由此可见，2008年是这三种汽车发展的一个重要转折点。

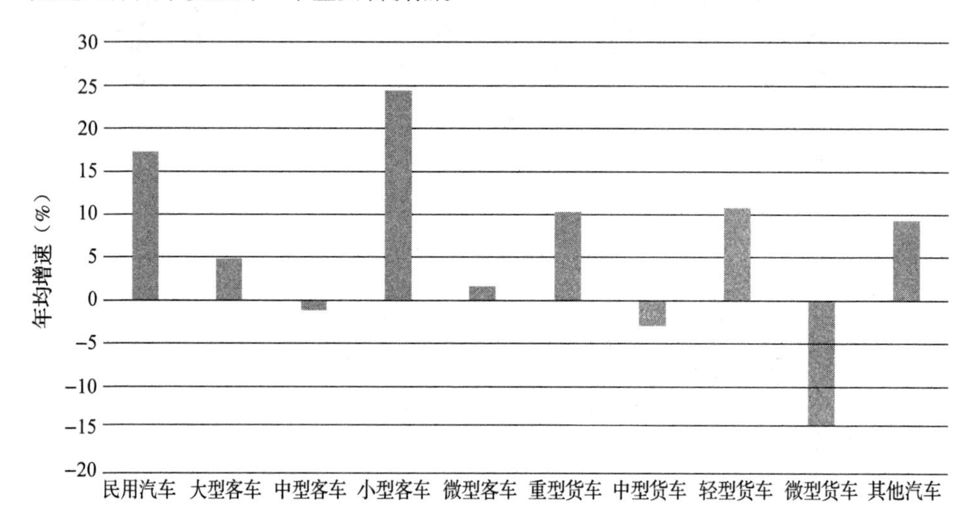

图6-2 2002～2015年汽车保有量年均增速对比（按车辆种类划分）

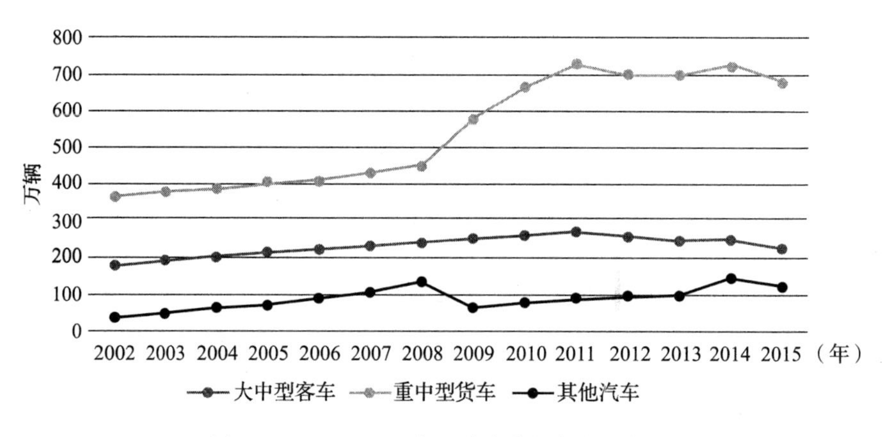

图6-3 2002～2015年三种汽车的保有量变化

在客车方面，2008年后大型和中型客车保有量增长乏力，主要是受到了高铁和民航快速发展的冲击，这种“两头挤压”的作用在2012年后表现得更加突出（见图6-4）。2015年，高速铁路客运周转量占全部旅客周转量的比例从2008年的0.1%迅速提高至12.9%，增加了12.8个百分点；民航客运的比例从2008年的12.4%增加到24.2%，也提高了11.8个百分点；同期，公路客运的比例从2008年的53.8%下降至2015年的35.7%，降低了18.1个百分点。

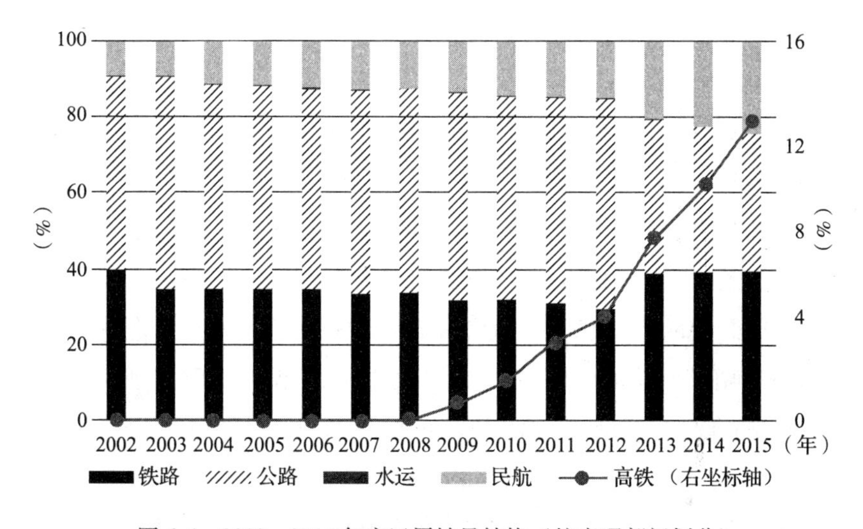

图6-4　2002~2015年客运周转量结构（按交通部门划分）

公路客运与铁路客运一直是竞争和替代关系。进入21世纪以来，我国高速公路建设速度较快，基本连接成网，公路客车车辆的可靠性、舒适性和安全性也越来越高，这使得公路客运更加快捷、灵活、经济，因此公路客运在旅客运输方面的比重一直保持在55%左右，而此时铁路客运仅为$\frac{1}{3}$，而且已经出现下滑的趋势。但是，随着2008年8月1日京津高速列车的开通[㊀]，我国正式进入了高铁时代。高速铁路（简称高铁）是指改造原有线路使营运速率达到每小时200km以上，或者专门修建新的高速铁路线路使营运速率达到每小时250km以上的铁路系统。2008年至今是我国高速铁路快速起步和发展的时期。截至2015年年底，全国高速

㊀ 京津高速列车的时速达到350km，使得从北京到天津的时间减少到短短29分钟。

铁路已达到 1.9 万 km，基本形成了“四横四纵”[㊀]的高铁网络。

2016 年我国公布了新的《中长期铁路网规划》（以下简称《规划》），提出到 2020 年，高速铁路达到 3 万 km；到 2025 年，网络覆盖面进一步扩大，高速铁路达到 3.8 万 km 左右；到 2030 年，全国铁路要基本实现内外互联互通、区际多路畅通、省会高铁连通、地市快速通达、县域基本覆盖。《规划》还提出：“建成现代的高速铁路网。连接主要城市群，基本连接省会城市和其他 50 万人口以上大中城市，形成以特大城市为中心覆盖全国、以省会城市为支点覆盖周边的高速铁路网。实现相邻大中城市间 1~4 小时的交通圈，城市群内 0.5~2 小时交通圈。”提供安全可靠、优质高效、舒适便捷的旅客运输服务。由此可见，未来我国高速铁路仍将快速发展，2025 年实现高速铁路里程比 2015 年翻一番，而且将以大中型城市之间和城市群内的旅客运输为主要服务对象，这意味着高速铁路将进一步抢占城际间客车运输的市场份额，并导致道路部门的客运服务需求进一步萎缩。

终端运输需求的减少会直接导致汽车保有量的变化。在高速铁路快速发展的背景下，服务于城际间运输的大型和中型客车数量显著减少。如图 6-5 所示，近几年大中型客车的保有量年净增量已经出现快速下降，大型客车从 2011 年的年增加 10.1 万辆减少到 2015 年的仅 0.5 万辆，中型客车自 2012 年起已经连续四年负增长。可以预计，未来客车应用领域将逐渐收窄，主要服务于城市内的公交系统，以及用于旅游车辆等。

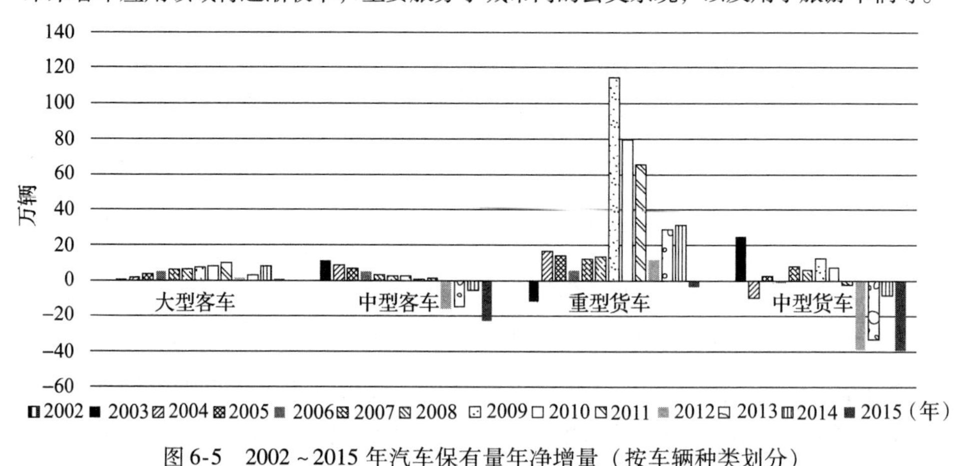

图 6-5 2002~2015 年汽车保有量年净增量（按车辆种类划分）

㊀ 四横为徐兰客运专线（含徐连客运专线）、沪昆高速铁路、青太客运专线、沪汉蓉高速铁路；四纵为京沪高速铁路、京港客运专线、京哈客运专线、杭福深客运专线（东南沿海客运专线）。

在货车方面，重型货车和中型货车的发展趋势也出现了分化（见图6-5）。2003年后重型货车的保有量年净增量平稳增长，2009～2011年出现“井喷”势头，虽然在2012年后略有回落，但是仍远远高于中型货车等其他车辆类型。与重型货车的快速增长不同，中型货车自2011年后进入了负增长阶段，至2015年其保有量已累计减少了121万辆。2009～2011年重型货车保有量快速增加，其主要原因有两个：一是2008年后为应对全球金融危机，我国政府采取了强有力的经济刺激政策，短期内带动了大规模的基础设施投资和房地产投资，直接带动了上下游相关产业的发展，如能源开采和加工、金属冶炼、水泥建材等行业，创造了大量的货物运输需求，刺激了重型货车的增长；二是近些年来随着网络经济的兴起，快递业务的需求猛增，物流业蓬勃发展，从大中城市蔓延到农村地区，也带动了货物运输需求。随着社会货运需求量的增加，从运输效率和成本的角度看，重型货车比中型货车更有优势，其发展潜力也更大。

总之，2002～2015年，客运和货运领域实现了两次转折。如图6-6所示，图中曲线出现了“两次交叉”。第一次是2012年，大型客车保有量超过中型客车保有量；第二次是在2008～2009年间，重型货车保有量超过了中型货车保有量。目前，重型货车保有量在除轻型车以外的民用汽车中的比重已经从2008年的24.2%上升到2015年的51.4%，超过了一半。未来随着高速铁路的竞争性替代，大中型客车的发展空间可能会严重受限。在追求运输效率和成本的过程中，货运车辆的

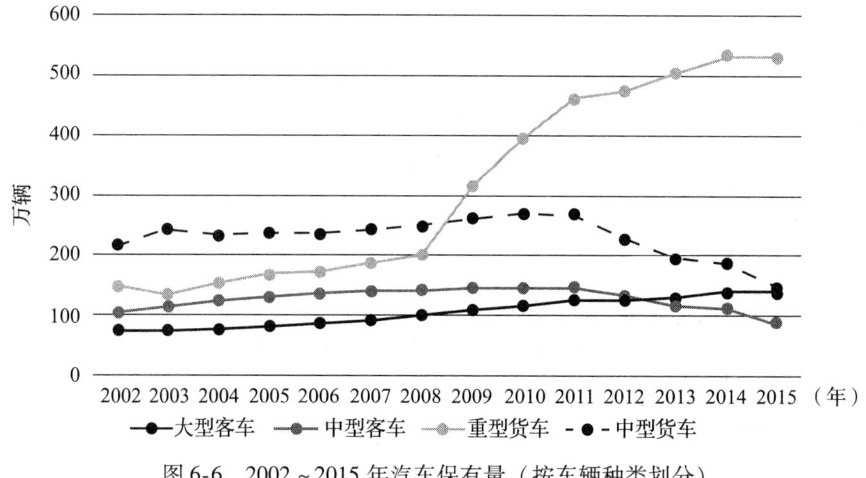

图6-6　2002～2015年汽车保有量（按车辆种类划分）

重型化也可能是一个重要的趋势。因此，预计未来重型货车的发展前景仍然较好，其保有量可能将保持在除轻型车以外的民用汽车保有量中的一半以上，而中型货车、大型客车和中型客车的保有量大幅增长难以预期，甚至有可能继续萎缩。

从交通用能和 CO_2 排放的角度看，重型货车也是未来的主要力量[1]。一方面，虽然重型货车的保有量和增长速度都远低于轻型车，但是与大型客车、中型客车和中型货车相比却表现出明显的优势，是我国仅次于轻型车的发展较快的车辆类型（见图 6-1），未来随着民用汽车保有量的快速增长，预计重型货车的保有量仍将保持在一个比较高的水平上。另一方面，由于重型货车载重量大、动力要求高，其百公里燃料消耗远高于轻型车等其他车辆类型，再加之重型货车一般用于长途运输，因此其单车的行驶里程也较高。以上这些因素造成重型货车的燃料消耗与 CO_2 排放量会远高于中型货车、大型客车和中型客车。因此，重型货车将是未来我国交通领域 CO_2 减排的重点之一。本章主要对重型货车和大型客车进行 CO_2 减排潜力分析。

第二节　重型货车的减排潜力分析

我国重型货车部门的 CO_2 减排潜力研究同样可以采取本书第四章和第五章研究轻型车 CO_2 减排路径的类似方法，将气候变化的最终目标和汽车 CO_2 减排的具体路径结合起来。但是由于受限于重型货车部门的数据可获得性不高，其他基础性研究也较缺乏，如果仍采用之前的研究方法，一是缺乏研究基础和可操作性，二是由于不确定性多，可能导致产生很大的误差，研究结果的可靠性也会降低，因此本章采取另一种研究方法来分析我国重型货车和大型客车的 CO_2 减排潜力。具体分为以下几个步骤：第一，研究和展望未来重型货车部门的活动水平，从社会货物运输需求出发，估计重型货车保有量的增长情况和单车年均行驶里程的变化情况；第二，对重型货车燃料经济性的提高、替代燃料或新能源汽车技术的发展进行研究；第三，计算未来重型货车部门的用能情况并进一步估计能源消费带来的 CO_2 排放规模，并通过情景分析法研究其 CO_2 减排潜力。

一、保有量预测

我国政府提出的 2050 年发展战略目标是人均国民生产总值达到届时中等发

达国家水平，基本实现现代化，建成美丽中国，因此，预计我国将在 2020 ~ 2030 年间实现工业化，大规模城镇化基础设施建设也将在该期间完成。对于运输部门，这意味着煤炭、水泥、钢铁、建材、玻璃等大宗商品的运输需求将随之明显减少，重型货车的运输周转量可能出现下降，传统消费品（如食品、服装、家用电器等）的货物运输需求也将逐渐趋于饱和。与此同时，货物运输需求的新增长点可能会集中在第三产业，尤其是依托于网络经济的快递服务业，我国地域辽阔、人口众多，现代物流行业的发展潜力仍很大。此外，公路货物运输与航空货物运输也存在较强的竞争关系，随着我国民航部门的快速发展，公路货运必然会继续受到冲击，但是对于重型货物运输而言，航空运输的能力有限，可能影响不大。综上所述，由于货物运输领域传统增长动力的必然性减弱和新动力的快速成长同时存在，未来重型货车的市场需求存在较大不确定性，其走势取决于新旧动力的接替过程。有可能出现两种情况，一是在 2020 ~ 2030 年间传统大型货物运输需求大幅减少，而新的物流运输需求快速增加，基本弥补了传统需求的下降，那么重型货物运输量可能会基本保持稳定；二是如果新的物流运输需求更快、更大规模地出现，那么对重型货物的运输需求也可能出现持续增加。为此，对上述两种可能性采取情景分析，前者记为接替情景，即新旧动力完成接替，重型货物运输需求基本稳定或仅有小幅增长；后者记为超越情景，即新动力不但弥补了旧动力的下降，而且形成了新的增长点，远远超越了过去的发展速度和模式。

如本章第一节所述，2002 ~ 2015 年，我国重型货车保有量的变化与经济发展周期密切相关，有较强的正相关性。在经历了 2009 ~ 2011 年的爆发式增长后快速回落，至 2015 年重型货车保有量的年净增量变为负值，已展现出增长停滞的迹象，这与近几年我国经济发展进入新常态，传统产业增长乏力有很大关系。因此，假设在接替情景中，我国重型货车的保有量只有小幅增长，在 2030 年左右增加到 600 万辆左右。在超越情景中，假设重型货车保有量仍保持与民用汽车总保有量的同步增长，2025 年左右达到 750 万辆的峰值，然后略有下降，2030 年仍保持在 700 万辆左右，此时重型货车在民用汽车保有量中的占比从当前的 3.3% 左右逐渐下降到 2030 年的 1.5%。两种预测结果如图 6-7 所示。

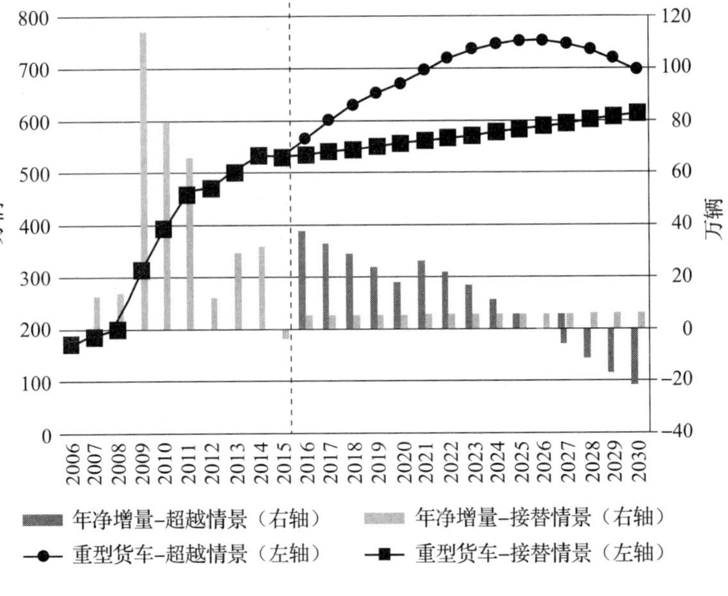

图 6-7 重型货车保有量增长情况（接替情景和超越情景）

二、行驶里程

在我国，由于重型货车大多用于以营运为目的的运输部门，而且重型货车造价高、使用和维护成本也较高，因此主要用来进行长途运输，造成单车的年均行驶里程远高于轻型车等其他类型车辆。目前对我国重型货车的年均行驶里程的研究很少。霍红等根据样本调查[2]，估计重型货车单车行驶里程是每年约6万 km，如表 6-1 所示。本小节假设 2030 年前重型货车的年均行驶里程保持不变。

表 6-1 重型货车的年均行驶里程

城市	年份	重型货车年均行驶里程（km）	轻型车年均行驶里程（km）	样本数量（个）
天津	2006	82 000	38 000	42
佛山	2009	72 300	—	270
宜昌	2010	70 500	—	200

资料来源：参考文献［2］

三、燃料经济性

改善汽车的燃料经济性，即减少油耗，是减少车辆用能和削减 CO_2 排放的首要方式。2008 年交通运输部发布了一项强制性行业标准，即《营运货车燃料消耗量限值及测量方法》（JT 719—2008），其中对营运柴油货车的燃料消耗提出了限值要求，如表 6-2 所示。这种在规定测试条件下得到的燃料消耗值与实际行驶中的燃料消耗情况可能存在偏差，但是由于很难获得重型货车实际的燃料消费数据，很难对上述偏差进行估计，霍红等假设货车在实际行驶中的燃料消费情况和测试条件下的燃料消耗限值比较一致，并根据销量数据进行加权平均，得到 2009 年我国重型货车的平均燃料消耗量大约是 24. 9L/100km[3]，这属于燃料消耗限值强制标准执行的第一阶段。考虑到燃料消耗限值在第二阶段比第一阶段平均降低了 10% 左右，那么可以认为当前重型货车的燃料经济性在 24. 9L/100km 的基础上也降低了 10%，其燃料消耗限值大约为 22. 4L/100km。

表 6-2　营运柴油汽车（单车）燃料消耗量限值

车辆总质量 T（kg）	第一阶段限值（L/100km）	第二阶段限值（L/100km）
3 500 < T≤5 000	12. 6	11. 3
5 000 < T≤7 000	16. 3	14. 7
7 000 < T≤9 000	18. 8	16. 9
9 000 < T≤11 000	21. 5	19. 4
11 000 < T≤13 000	23. 8	21. 4
13 000 < T≤15 000	25. 7	23. 1
15 000 < T≤17 000	27. 4	24. 7
17 000 < T≤19 000	28. 9	26. 0
19 000 < T≤21 000	30. 2	27. 2
21 000 < T≤23 000	31. 4	28. 3
23 000 < T≤25 000	32. 5	29. 3
25 000 < T≤27 000	33. 5	30. 2
27 000 < T≤29 000	34. 5	31. 1
29 000 < T≤31 000	35. 5	32. 0

注：第一阶段为 2008 年 9 月至 2010 年 2 月，第二阶段为 2010 年 3 月至今。

四、替代燃料

传统的重型货车一般采用普通柴油作为燃料。考虑到能源安全、环境保护和

减少 CO_2 排放等问题，用液化天然气（Liquefied Natural Gas，LNG）替代柴油也受到了广泛的关注。这是因为 LNG 在车用领域具有一些明显优势。

（1）LNG 能量密度大，使汽车可以实现较长的续航里程。国外大型 LNG 汽车一次加气后可以行驶 1 000 ~ 1 300km，国内配备 450L 左右的 LNG 瓶，在市区可以行驶 550 ~ 600km，在高速公路可以达到 700km[4]。未来在货车向重型化发展，客车向大型化、豪华型发展的趋势下，LNG 汽车非常适合城际间的中长途客货运输。

（2）LNG 比较清洁，在使用过程中可以与空气均匀混合并充分燃烧，LNG 汽车的污染物排放比传统柴油汽车少，CO、HC、NO_x 和 CO_2 排放量分别降低 97%、75%、35% 和 26%，而且没有铅、苯、硫化物等排放[5]。

（3）LNG 汽车的安全性能好。LNG 的出厂和储存温度是常压下 -162℃，属于低温低压，比较安全，而且 LNG 的燃点为 650℃，不易点燃[5]。

但是，用 LNG 汽车替代传统柴油汽车面临其他方面的挑战。一方面，由于 LNG 汽车在我国刚刚起步，市场培育还需要一定时间，加注站等相关基础设施建设处于起步阶段，尚不完备。

另一方面，LNG 汽车可能面临经济性方面的挑战。近年来我国柴油出现了严重过剩，价格不断走低，未来这种局面可能仍会继续。在加快治理大气环境的因素驱动下，我国正在大力发展和使用天然气。然而，我国天然气资源虽然比较丰富，但是资源品质差、开采难度大，在现行勘探开发体制下国产天然气的增长幅度比较有限，要依赖进口气源来满足国内用气需求，预计未来天然气对外依存度将继续升高，预计 2020 年和 2030 年分别进口天然气约 1 000 亿立方米和 2 500 亿立方米，对外依存度分别达到 28% 和 39%。在进口天然气比重不断增加的情况下，由于进口天然气价格高，抬高了我国天然气的整体供应成本。同时，天然气下游输配环节加价过多，也使得终端用户天然气价格水平不断升高。因此，LNG 汽车替代柴油汽车的经济性受到国际原油价格、国内成品油和天然气市场供需、天然气进口价格、天然气下游输配环节成本等多种因素影响，在某些情况下可能不具有显著优势。鉴于在我国 LNG 汽车替代传统柴油汽车还存在较大的不确定性，目前尚未看到大规模替代的前景，因此下文分析重型货车的 CO_2 减排潜力时暂不考虑。

五、CO_2减排潜力

为考察未来我国重型货车的 CO_2减排潜力，分别对接替情景和超越情景下的重型货车全生命周期的 CO_2排放量进行分析，同时给出作为参照的趋势照常情景。在趋势照常情景中，假设重型货车的保有量、行驶里程、燃料经济性、排放因子等都保持在当前水平，而在接替情景和超越情景中，假设年均行驶里程和排放因子保持现状，燃料经济性在实现第二阶段限值的基础上到 2030 年再提高 10%。

三种情景中我国未来重型货车的 CO_2直接排放量和间接排放量的估算结果如图 6-8 至图 6-10 所示。从全生命周期的角度看，在车辆使用阶段产生的 CO_2直接排放是主要部分，但是在上游阶段产生的排放也不容忽视。在趋势照常情景中，2030 年重型货车的 CO_2直接排放量和间接排放量比 2015 年分别增加 2 983 万吨和 703 万吨，均增长 16.1%。在接替情景中，2030 年重型货车的 CO_2直接排放量和间接排放量比 2015 年分别增加 832 万吨和 196 万吨，仅增长 4.5%，远低于趋势照常情景的排放量。在超越情景中，重型货车在 2030 年造成的 CO_2直接排放量和间接排放量比 2015 年分别增加 3 445 万吨和 812 万吨，增长 18.6%，高于趋势照常情景和接替情景的排放量。

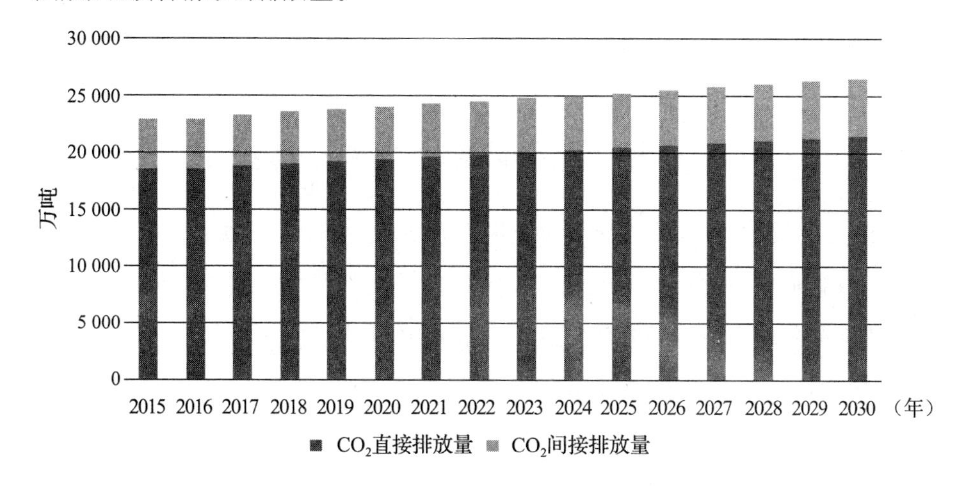

图 6-8　重型货车的直接和间接 CO_2 排放量（趋势照常情景）

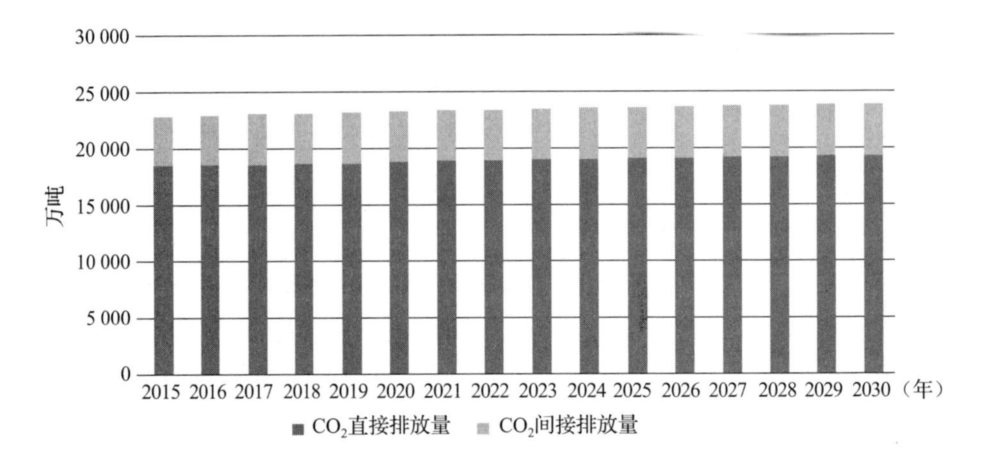

图 6-9 重型货车的直接和间接 CO_2 排放量（接替情景）

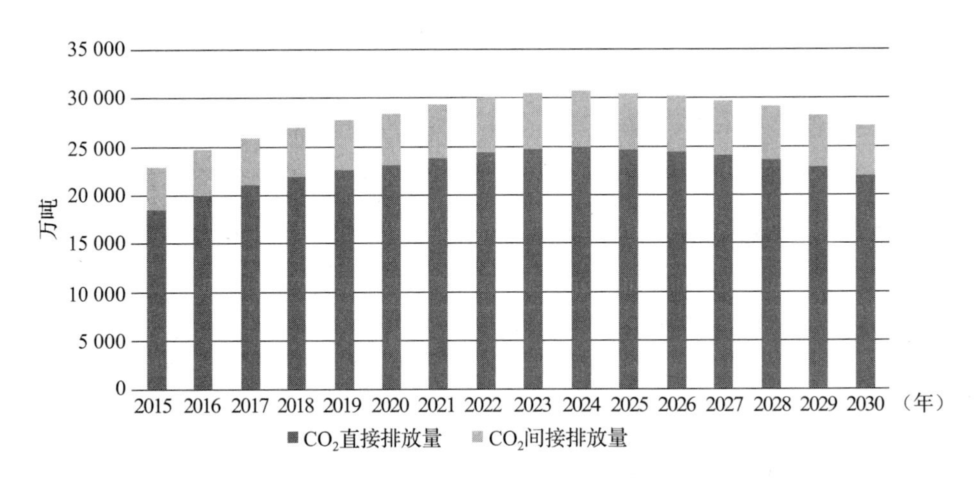

图 6-10 重型货车的直接和间接 CO_2 排放量（超越情景）

对比重型货车在三种情景中的全生命周期 CO_2 排放量（见图 6-11），分析发现，趋势照常情景和接替情景的 CO_2 排放呈现线性增长趋势，增长速度较慢，排放总量规模有小幅度增加，而在超越情景中，重型货车的全生命周期 CO_2 排放量持续快速增长，到 2024～2025 年达到峰值，然后持续快速下降，至 2030 年时其排放量规模与趋势照常情景相当。但是，由于排放量变化的轨迹不同，因此两种情景对于全球气候变化的影响是截然不同的。因为气候变化的潜在影响在很大程度上是由大气中 CO_2 的累积排放量决定的，所以不能简单考察在某个时点的 CO_2 排放量，而要关注未来一段时间内排放量变化的轨迹和累积排放量。

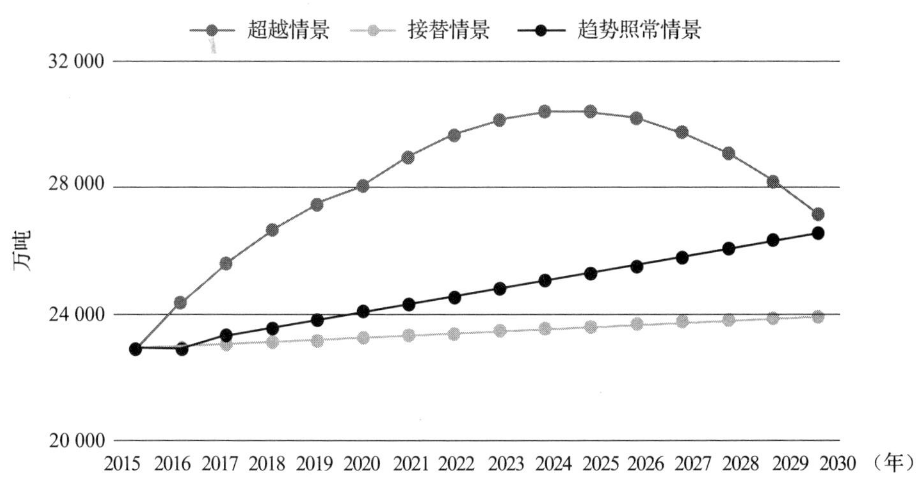

图 6-11 重型货车的全生命周期 CO_2 排放量（三种情景对比）

从超越情景中可以看到，尽管重型货车的燃料经济性持续提高，也难以抵消货运需求（间接表现为保有量增长）快速增加带来的 CO_2 排放，其排放量仍表现出较大幅度的增长。这与第五章中分析轻型车 CO_2 减排路径时得到的结论完全一致，即汽车保有量的增长对全生命周期 CO_2 排放量的影响最显著。未来我国重型货车的 CO_2 排放量也主要由保有量的增长决定，因此其 CO_2 排放规模的不确定性取决于货运需求增长的不确定性，在根本上是受经济和社会发展模式的影响。然而，汽车保有量的快速增长实际上是一把“双刃剑”，既有可能导致 CO_2 排放量快速大规模增加，也为替代燃料的使用和新能源汽车的推广提供了契机，关键是在汽车保有量快速增长的时期内大力发展能够减少全生命周期 CO_2 排放量的替代燃料和新能源汽车，抓住汽车“增量”转化为“存量”的机遇，减少未来的“惯性排放”，这才是重型货车 CO_2 减排的最大潜力。换句话说，如果不能实现重型货车保有量快速增长时期的规模性替代，就会错过技术性减排的最佳时机，那么在货物运输需求持续旺盛的情况下，重型货车产生的 CO_2 排放量是难以有效控制或减少的，技术减排的潜力就难以发挥出来。

参考文献

[1] Wang M, Huo H, Johnson L, He D Q. Projection of Chinese Motor Vehicle Growth, Oil Demand and CO_2 Emissions Through 2050[J]. Transportation Research Record: Journal of the Transportation Research Board, 2007(2038): 69-77.

[2] Huo H, Zhang Q, He K, et al. Vehicle-use intensity in China: current status and future trend[J]. Energy Policy, 2012(43), 6-16.

[3] Huo H, He K, Wang M, et al. Vehicle technologies, fuel-economy policies and fuel-consumption rates of Chinese vehicles[J]. Energy Policy, 2012(43): 30-36.

[4] 何润民，王径，张友波，等．川渝地区车用LNG市场前景与发展策略分析[J]．天然气技术与经济，2011，5(4)：42-46.

[5] 罗东晓．柴油汽车改用LNG燃料的实用技术及其经济性分析[J]．天然气工业，2012，32(9)：92-97.

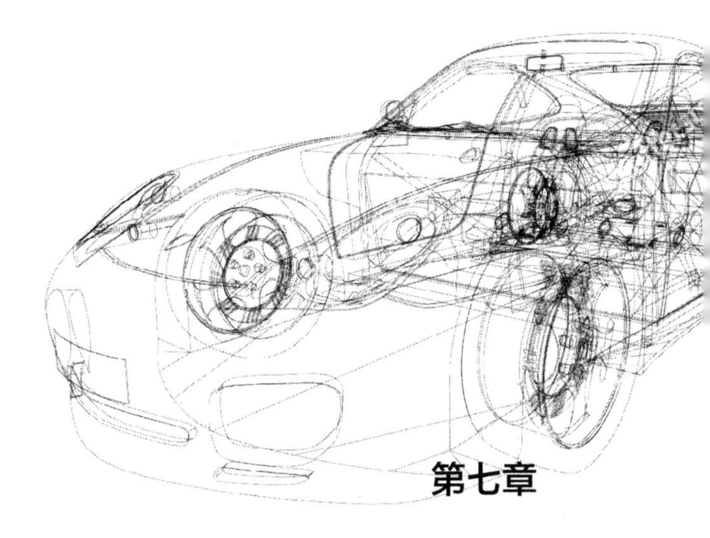

第七章

其他交通部门减排潜力分析

交通、工业、建筑为三个最主要的终端用能部门。在我国的统计体系中，交通部门的能源消费主要包括两部分：一部分是各种交通工具或基础设施在完成运输货物或旅客活动时直接消耗的能源；另一部分是各种管理部门和运输单位对运输活动提供辅助或服务时间接消耗的能源。在其他国家，一般对于交通部门的能源消费和相关描述是指前者，因此为便于国际比较研究，应重点关注前者，即交通工具用能及CO_2排放。对于后者，由于终端用能设备与交通工具差别较大，因此通常按照终端用能形式将其归属于建筑等其他部门。

对我国交通部门的研究，在研究范围界定和数据可获得性方面都有一定难度，这是因为我国交通行业的管理部门较多。例如公路和水运由交通部管理，铁路由铁路行业管理部门负责，民航总局管理民用航空运输业，管道运输由中国石油化工集团公司和中国石油天然气集团公司经营。另外，城市交通被视为相对独立的部门，由各城市进行规划，并主要

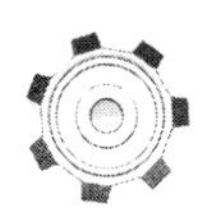

归建设部下属单位管理。这种分散的管理模式造成了交通行业相关问题的复杂性，为管理、统计和研究工作带来了诸多不便。

目前针对道路部门的研究较多，主要原因：一是相关信息和数据的可获得性相对较高；二是道路部门能源和排放在交通部门内的比重较高，汽车排放占我国交通排放总量的76%；三是汽车节能减排的技术路径和管理措施种类多、选择难，比较复杂。本书在前面章节以道路部门为例，介绍了在全球CO_2稳定目标背景下如何研究中国轻型车部门的减排路径和减排潜力。如除了研究我国交通部门整体的减排特点和减排潜力外，还需要对其他交通部门（铁路、民航、水运和管道）分别进行研究。受本书主题和篇幅所限，本章对其他交通部门的减排潜力仅做定性分析。实际上，在数据可获得的前提下，对于其他交通部门，完全可以借鉴并使用前文所示的研究轻型车减排路径的方法，建立动态的CO_2排放目标并进行减排情景分析，进一步对每个交通部门的减排路径和减排潜力做定量研究。

交通部门的减排潜力来源于技术进步、结构优化和管理创新。科学技术是第一生产力。交通领域的技术进步与革新是提高能源利用效率的重要推动力。结构优化能够促进能源利用方式的变革，高能效方式替代低能效方式和清洁能源替代传统化石能源，对节能减排具有重要作用。管理创新是从转变管理思路、改变管理方式的角度，在满足交通需求的条件下实现能源节省和排放降低的目的，主要方式有优化系统调配、提高运输组织管理效率和完善服务体系等。本章将从以上三个方面进行具体分析。

第一节 技术进步

交通部门的技术进步主要集中在提高各种运输工具的能源利用效率、推广应用成熟的节能技术等方面。同时，创新性技术的发展方向除了提高运输效率外，还包括增强安全性、优化经济性、实现节能减排等。下面对各交通部门的技术减排潜力分别进行分析。

一、铁路运输

铁路运输是指具有固定的运行轨道，以铁路机车为运输工具，承担旅客和货物运送任务的一种运输方式。铁路运输的优势包括全天候、大批量、长距离、高效率、低成本等，是现代化运输的主要形式之一。在我国综合交通体系中，铁路部门一直作为骨干力量，承担了大宗货物的中长距离运输、中长途旅客运送的任务。目前我国铁路机车按原动力主要分为蒸汽机车、内燃机车和电力机车三种，属于黏着力驱动的交通方式。

近年来，铁路部门的技术进步主要表现在两方面。一方面是逐渐淘汰传统蒸汽机车，全面采用内燃机车和电力机车，从而使铁路用能结构发生巨大变化。1990 年我国铁路牵引用能中的 87% 来自煤炭，到 2003 年时牵引用能中的 97% 以上为柴油和电力，煤炭比例下降到 3% 以下。另一方面是铁路机车效率大幅度提高，终端能源利用效率明显改善。过去铁路部门主要采用蒸汽机车，蒸汽机车占 80% 左右，现在已基本上被全部替换为内燃机车和电力机车。蒸汽机车的终端能源利用效率为 6% ~9%，而内燃机车的效率高达 25% ~26%，电力机车优势更明显，效率可达 30% ~32%。因此，铁路部门整体终端能源利用效率得到大幅度提升。

目前铁路部门技术研究的目标是节省电力和柴油的消耗。节电方面，以提高电气化铁路用电效率、减少负序电流和谐波等为重点，大力推广电气化铁路功率因素补偿技术。节油方面，以柴油节能器和柴油添加剂的推广使用为重点，同时积极研发新技术，如变频调速、锅炉分层燃烧、供热管网指挥控制等锅炉高效燃烧技术等。

未来我国铁路部门技术进步的主要措施是加快电气化铁路建设，提高电气化效率，增加电力机车牵引比重，从而提高铁路部门的终端能源利用效率，同时实现对柴油的替代。近年来，高速轨道交通开始迅速发展，出现了新型直线电机以及磁悬浮列车等非黏着的交通方式。高速铁路运输效率高，但是其能源消耗水平也比较高，一般而言，普遍高于普通铁路，但低于汽车和飞机。其单耗为普通铁路的五六倍，且运输距离越短能耗越高。因此，未来在发展高速铁路时应注重科学规划，在满足高速运输需求的同时，尽量降低能耗和排放水平。铁路部门各种技术的减排潜力分别为内燃机节油技术 20% ~25%，铁路电气化技术 5% ~8%，摆式列车的高速铁路技术 20% ~25%。

二、民用航空运输

民用航空运输是指利用空中航线与飞机运送货物、邮件和旅客的一种运输方式。航空运输的优点十分突出，主要表现为不受地形限制，方便快捷。民航部门以各类民用航空器为主要终端利用方式，燃料消耗的是航空煤油。

近年来，我国民航部门发展非常迅速，客运周转量和货运周转量快速增长，机队规模日益壮大，航线网络明显扩展。同时，机队结构不断优化，运输效率逐年提高。2003 年民航运输单位能源消耗水平比 1990 年下降了约 30%。

民用航空器的生产属于高端制造业，技术创新和改进难度较大，因此短期内民航部门的减排潜力比较有限。目前关注的技术主要有先进的节油技术、航空发动机尖端技术和新型材料应用等。其中，先进节油技术的减排潜力约为 5% ~ 10%。航空发动机尖端技术包括增加推力并提升燃油效率、齿轮驱动涡扇发动机等新型发动机技术等。

三、水路运输

水路运输是指利用船舶等工具，在江、河、湖泊、人工水道和海上运送货物及旅客的一种运输方式。主要分为三种类型，包括内河（运河、湖泊）运输、近洋（沿海）运输和远洋运输。目前近洋运输和远洋运输的货物运输量的比重较高，且具有运量大、成本低的优点，适合大宗货物的运送。

近些年，我国水运部门不断加大老旧船舶的淘汰力度，远洋运输船舶向大型化、专业化方向快速发展，从而提高了船舶的能源利用效率，使运输的综合单位能耗从 1990 年的 138.6kgce/万换算吨千米快速下降到 2007 年的 49.0kgce/万换算吨千米。船舶技术进步的主要方向是采用高效节能技术，提高能源利用效率等。在未来改进船型，推广大吨位节能型船舶，实现船队的大型化、专业化和标准化，提高航道等级等方式，将大大降低能源消耗和 CO_2 排放。

四、管道运输

管道运输是指对液体、气体或液体与固体的混合物加压后通过管道进行输送的一种运输方式。输送对象主要是原油、成品油、天然气、煤浆等。管道运输的能耗低、运营费用少、易于实现连续输送、安全可靠、运输量大、运输效率高、管道设施较少受地形条件限制、占地少、对环境影响较小。但是，管道运输方式只适用于特定物料的定点定向运输，其专用性强、输送能力不易改变、灵活性差等特点，使其应用具有一定局限性。

近几年来，我国管道建设发展较快，已逐渐形成跨区域的油气管网供应格局。到2007年，已建成的油气管道的总长度约为60 000km，其中原油管道为17 000km，成品油管道为12 000km，天然气管道为31 000km。另外，中国企业在海外的管道总里程达到5 000km，主要集中在苏丹和哈萨克斯坦。

输油管道、输气管道和固体浆料管道采用的设备各不相同。输油管道设备主要有离心泵、输油泵站、输油加热炉、储油罐、管道系统、清管设备、计量及标定装置等。输气管道设备主要有矿场集气设备、输气站（压气站）、干线输气、城市配气系统等。固体浆料管道设备主要有浆液制备系统、中间泵站、后处理系统等。管道运输与其他运输方式最重要的区别在于运输过程中管道设备不会移动，因此，管道运输设备消耗能源产生的CO_2排放可视为固定源排放，而铁路机车、汽车、船舶等其他运输工具全部为移动源排放。固定源排放相对于移动源排放更容易控制。此外，采用高钢级、大口径、高压力技术提高能源利用效率，有利于减少管道部门的排放。

第二节　结构优化

交通部门的结构优化是基于各种运输方式的技术经济特性，合理配置运输资源，优化运输结构，从而实现满足需求、节约能源和减少排放的目的。主要包括两部分内容，一部分是单个部门内部交通工具构成结构的调整，另一部分是大交通系统内各种交通方式充分发挥比较优势，通过相互替代优化部门结构，从而实现交通体系综合效率的提高，能源利用效率的进步和整体排放水平的下降。

单个交通部门内部的结构调整应以技术进步为基础，促进交通工具更新换代。未来我国铁路部门应继续加快电气化建设和既有线路的电气化改造；道路部门的重点是改善车辆结构，加快开发替代燃料和新能源汽车技术；民航部门的发展应抓住近期机队规模迅速扩大的契机，重点对机队结构进行调整和优化；水运部门重点加快老旧船舶淘汰进程，推广大吨位节能型船舶应用，实现船舶专业化和标准化；在管道运输方面，应合理规划管道基础设施建设，加快长干线和专用输油输气管网的应用。

大交通系统内部的结构调整应基于各种交通方式的自身特点，研究各种交通方式在技术、使用范围、便利性等方面的比较优势，从而引导不同方式的相互替代。从降低能耗和减少排放的角度看，各种交通方式单位能耗是最重要的研究内容。下面利用现有的统计数据，对 2005 ~ 2007 年我国各种交通方式的单位能耗进行计算和比较。

各交通部门能源总消费量数据如表 7-1 所示，其中铁路、民航、水运、管道部门的总能源消费量的数据来自国家统计局，由于道路部门的统计口径仅限于营运部分，不能直接采用国家统计局的数据，故利用王庆一[1]的交通部门总能源消费量与其他各部门能源消费量之差求得。

表 7-1　各交通部门能源总消费量（2005 ~ 2007 年）

（单位：万 tce）

	2005 年	2006 年	2007 年
道路	14 383.2	16 424.3	18 517.3
铁路	2 350.8	2 783.5	3 051.8
民航	1 494.0	1 695.7	1 892.4
水运	2 678.9	2 974.1	3 342.3
管道	365.2	528.4	516.2
总计	21 272.1	24 406.0	27 320.0

各交通部门的旅客周转量及货物周转量的数据如表 7-2 和表 7-3 所示，数据来源是国家统计局，其中道路部门的旅客周转量和货物周转量既包括营运部门也包括非营运部门。下面将旅客周转量按一定比例换算为货物周转量并计算换算周转量，计算公式见式（7-1）。换算周转量是一个包括客货运输的换算周转量综合指标，单位为换算吨千米。

$$换算周转量 = 货物周转量 + 旅客周转量 \times 换算系数 \tag{7-1}$$

表 7-2　各交通部门旅客周转量（2005 ~2007 年）

（单位：亿人千米）

	2005 年	2006 年	2007 年
道路	9 292.08	10 130.85	11 506.77
铁路	6 061.96	6 622.12	7 216.31
民航	2 044.93	2 370.66	2 791.73
水运	67.77	73.58	77.78
管道	—	—	—
总计	17 466.74	19 197.21	21 592.59

表 7-3　各交通部门货物周转量（2005 ~2007 年）

（单位：亿吨千米）

	2005 年	2006 年	2007 年
道路	8 693.2	9 754.2	11 354.7
铁路	20 726.0	21 954.4	23 797.0
民航	78.9	94.3	116.4
水运	49 672.3	55 485.7	68 248.8
管道	1 087.7	1 551.2	1 865.9
总计	80 258.1	88 839.8	105 382.8

旅客周转量换算系数主要由运输单位吨千米货物和运送单位人千米旅客所消耗的人力与物力决定。目前我国统计制度规定的客货换算系数，按铺位折算，铁路和水运为 1；按座位折算，道路为 0.1，内河为 0.33，国内航空为 0.072，国际航空为 0.075。为便于计算，本书对换算系数取值时假设道路为 0.1，铁路为 1，民航为 0.073，水运为 0.33。管道部门不存在旅客运输，不需要进行换算。2005 ~2007 年我国各交通部门换算周转量的计算结果如表 7-4 所示。

表 7-4　各交通部门换算周转量（2005 ~2007 年）

（单位：亿换算吨千米）

	2005 年	2006 年	2007 年
道路	9 622.41	10 767.29	12 505.38
铁路	26 787.96	28 576.52	31 013.31
民航	228.18	267.36	320.20
水运	49 694.66	55 509.98	68 274.47
管道	1 087.70	1 551.20	1 865.90
总计	87 420.91	96 672.35	113 979.30

交通部门单位能源消耗由能源消费总量和换算周转量计算得到，计算公式如式（7-2）所示，计算结果如表7-5所示。可以看到，各交通部门单位能耗水平差距很大，民航部门单耗最高，其次是道路部门和管道部门，铁路部门和水运部门的单耗最低。能源利用效率与运输时间效率成反比关系，能源利用效率最低的民航部门运输效率最高，而能源利用效率最高的水运部门运输效率最低。因此，在交通部门结构调整时需要综合考虑运输服务质量、能源利用效率、CO_2排放等因素，使能源利用效率最大化。

$$\text{单位能源消耗} = \text{能源消费总量} \div \text{换算周转量} \tag{7-2}$$

表7-5 各交通部门单位能源消耗计算值（2005～2007年）

（单位：kgce/万换算吨千米）

	2005年	2006年	2007年
道路	1 494.8	1 525.4	1 480.8
铁路	87.8	97.4	98.4
民航	6 547.5	6 342.4	5 910.2
水运	53.9	53.6	49.0
管道	335.7	340.6	276.6
平均值	1 703.9	1 671.9	1 563.0

各部门单位能耗水平的相对比例（设水运部门为1）如表7-6所示。各交通部门单位能耗水平相差悬殊。水运的单位能耗是民航的约$\frac{1}{120}$，是道路的约$\frac{1}{30}$；铁路的单位能耗是民航的约$\frac{1}{60}$，是道路的$\frac{1}{15}$；民航的单位能耗水平远远高于其他部门，是道路的约4倍。

表7-6 各交通部门单位能源消耗相对比例（2005～2007年）

	道路	铁路	民航	水运	管道
2005年	28	2	122	1	6
2006年	29	2	118	1	6
2007年	30	2	121	1	6

虽然各交通部门的应用范围不同，但是除了管道部门之外的交通部门都存在某些功能交叉范围，具有相互替代的可能性。例如，道路部门与铁路部门单位能耗水平相差10倍，如果能够进行适当的结构调整，将道路部门的部分客运和货运

需求向铁路部门引导与转移，将有利于降低交通系统的整体能耗水平，发挥减排潜力。但是，高速轨道交通与普通铁路能耗水平差别较大，单位能耗与道路交通水平相当，距离较短时有可能高于道路单位能耗，因此需要对高速轨道交通进行单独研究，深入分析其单位能耗水平的影响因素。

目前我国正处于快速城镇化阶段，城市交通需求持续快速增长，汽车保有量呈爆发式发展趋势，从而引发交通安全、道路拥堵、环境污染等各类急需解决的问题。在超大城市和特大城市中，这些矛盾表现得更加突出，因此，应优先发展公共交通和轨道交通，提高运输效率，节约使用能源，通过城市交通体系的不断优化提高能源利用效率。

第三节 管理创新

目前，我国交通体系仍处于规模迅速扩大的初级阶段。在加快运输网络建设、增强运输能力、满足不断增长的交通需求的同时，更需要注重各种交通方式的综合与协调发展。应对交通系统的复杂性，实现节能减排长期目标，必须加强管理创新，建立现代交通管理体制。

第一，明确交通管理部门主体。我国交通管理部门管理职能分散，导致综合管理水平不高。应落实分级综合交通规划和实施主体。针对北京、上海等特大城市在国家交通体系中的重要枢纽地位，应设立专门的规划和管理机构，统筹交通枢纽内部及其周边的网络布局、连接方式和换乘转运中心的建设计划等。主管部门还应组织对各类交通基础设施进行定期维护和管理，提高通行效率，减少资源浪费，促进节能减排。

第二，综合规划，统筹发展。交通方式的衔接和一体化是现代交通体系建设的核心内容。应摆脱各个交通部门独立计划、单独发展的固有思路，从全局角度出发，以服务于一体化的综合交通体系为主线，整体布局，综合规划，统筹发展各种交通方式，全面提高交通系统的运输效率和能源利用效率，建立节能型综合交通体系，控制 CO_2 的排放规模。

第三，完善相关法律法规。根据发达国家的成功经验，应对全国性交通规划、交通体制改革等重要问题专门立法，进一步规范交通政策制定程序，减少政策制定和实施过程中的随意性，促进交通行业的健康快速发展。同时，应定期研究和编制交通政策白皮书，加强对关键问题的深入调研，完善交通统计体系。另外，还应加快制定相关技术标准，对排放标准进行严格监管，加速淘汰老旧交通工具。

管理体制创新和管理职能转变是我国建立安全、稳定、清洁、高效的综合交通体系的重要保障，将对交通部门长期发挥节能和减排潜力具有十分重要的作用。

参考文献

[1] 王庆一. 中国可持续能源项目参考资料2010能源数据[R/DK]. [2011-05-15].